Plinius | Über Bäume

Gaius Plinius Secundus

Über Bäume

Lateinisch / Deutsch

Ausgewählt, herausgegeben und übersetzt
von Bernhard Herzhoff

Reclam

Iohanni Poschmann amico octogenario

Bild auf S. 2: Plinius erwähnt unter den Aufsitzergehölzen, die nur ohne Erde oben auf Bäumen wachsen können, die Mistel und schildert ihre große volkstümliche Bedeutung. Hier: Die religiösen Zeremonien der keltischen Druiden bei der Ernte der Mistelzweige auf einer Eiche, ihrem heiligsten Baum, sowie die Vorbereitung eines Stieropfers zur Neujahrsfeier (S. 144–147). *Bild auf S. 5:* Habitusbild einer Traubeneiche (zu den Eichen: S. 108 ff.).

RECLAMS UNIVERSAL-BIBLIOTHEK Nr. 14252
2022 Philipp Reclam jun. Verlag GmbH,
Siemensstraße 32, 71254 Ditzingen
Gestaltung: Cornelia Feyll, Friedrich Forssman
Umschlaggestaltung: Philipp Reclam jun. Verlag GmbH
Umschlagabbildung: Gemälde von Fjodor Alexandrowitsch Wassiljew, 1869–71 (© Russian Look / akg)
Innenabbildungen: Imago: S. 2 (Leemage), 160 (agefotostock); aus Lipster 1961: S. 5, 146 f.; Wikimedia Commons: S. 148, 150, 152, 157 (Jasonbook99), 162, 166 o. li. (Philmarin), 166 o. re. (Katherine Wagner-Reiss), 166 u. (ImanFakhri); Ansichtskarte, 1981: S. 154; agefotostock / Alamy Stock Foto: S. 171
Druck und Bindung: Eberl & Koesel GmbH & Co. KG, Am Buchweg 1, 87452 Altusried-Krugzell
Printed in Germany 2022

ISBN 978-3-15-014252-3

Auch als E-Book erhältlich

www.reclam.de

Eine Auswahl aus den Büchern 12–16
von Plinius' *Naturalis historia*

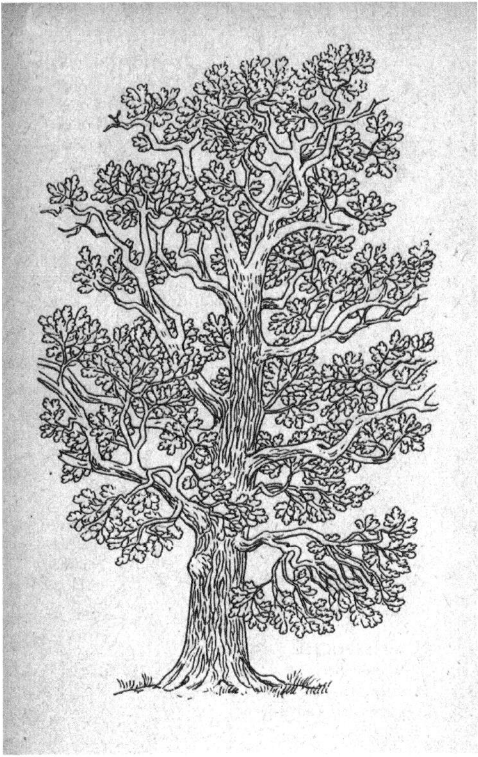

12 (1) [...] diu fuere occulta eius beneficia, summumque munus homini datum arbores silvaeque intellegebantur. hinc primum alimenta, harum fronde mollior specus, libro vestis. etiam nunc gentes sic degunt.

(2) quo magis ac magis admirari subit his a principiis caedi montes in marmora, vestes ad Seras peti, unionem in Rubri maris profundo, zmaragdum in ima tellure quaeri. ad hoc excogitata sunt aurium vulnera, nimirum quoniam parum erat collo, crinibus, manibus gestari, nisi infoderentur etiam corpori. quam ob rem sequi par est ordinem vitae et arbores ante alia dicere ac moribus primordia ingerere nostris.

(3) haec fuere numinum templa, priscoque ritu simplicia rura etiam nunc deo praecellentem arborem dicant. nec magis auro fulgentia atque ebore simulacra quam lucos et in iis silentia ipsa adoramus. arborum genera numinibus suis dicata perpetuo servantur, ut Iovi aesculus, Apollini laurus, Minervae olea, Veneri myrtus, Herculi populus. quin et

12,1–5 Einleitung: Vom hohen Wert der Bäume

(1) […] Lange blieben die Gaben im Inneren der Erde unbeachtet, und als das höchste dem Menschen gegebene Geschenk galten Bäume und Wälder. Von ihnen nahm man zuerst die Nahrung, durch ihr Laub wurde das Höhlenlager weicher, aus ihrem Bast war die Kleidung. Jetzt noch leben Völker auf diese Weise.

(2) Umso mehr und mehr erweckt es Erstaunen, dass nach derart einfachen Anfängen Berge in Marmorblöcke zerschnitten, Seidenkleider in China gekauft, Perlen in der Tiefe des Roten Meeres,[1] Smaragde im Innersten der Erde gesucht werden. Für diese Dinge erfand man Wunden in den Ohren, da es zweifellos nicht genügte, sie am Hals, in den Haaren und an den Händen zu tragen, wenn man sie nicht auch noch in den Körper hineinstach. Daher ist es recht, der Stufenleiter des Lebendigen zu folgen und an erster Stelle über Bäume[2] zu sprechen und dabei unseren heutigen Sitten die Ursprünge entgegenzustellen.

(3) Bäume waren Wohnstätten göttlicher Mächte, und nach uralter Sitte weihen die einfachen Landleute auch heute noch einem Gott einen besonders schönen Baum, und wir erweisen den von Gold und Elfenbein glänzenden Götterbildern nicht mehr fromme Verehrung als den heiligen Hainen und allein auch der Stille in ihnen. Die verschiedenen Baumarten, die jeweils ihren Gottheiten geweiht sind, werden ständig gehegt und gepflegt, wie für Jupiter die Breitblättrige Eiche (Quercus frainetto),[3] für Apollo der Lorbeer (Laurus nobilis), für Minerva der Ölbaum (Olea europaea), für Venus die Myrte (Myrtus communis) und für Herkules die Silberpappel (Populus alba). Ja

Silvanos Faunosque et dearum genera silvis ac sua numina tamquam e caelo attributa credimus.

(4) arbores postea blandioribus fruge sucis hominem mitigavere. ex his recreans membra olei liquor viresque potus vini, tot denique sapores anni sponte venientes et mensae, depugnetur licet earum causa cum feris et pasti naufragorum corporibus pisces expetantur, etiam nunc tamen secundae.

(5) mille praeterea sunt usus earum, sine quis vita degi non possit. arbore sulcamus maria terrasque admovemus, arbore exaedificamus tecta. arborea et simulacra numinum fuere nondum pretio excogitato beluarum cadaveri atque ut, a diis nato iure luxuriae, eodem ebore numinum ora spectarentur et mensarum pedes. produnt Alpibus coercitas ut tum inexsuperabili munimento Gallias hanc primum habuisse causam superfundendi se Italiae, quod Helico ex Helvetiis civis earum fabrilem ob artem Romae commoratus ficum siccam et uvam oleique ac vini praemissa remeans secum tulisset. quapropter haec vel bello quaesisse venia sit.

wir glauben sogar, dass Silvane, Faune und verschiedene Arten von Göttinnen und ihr Walten den Wäldern gleichsam aus dem Himmel zugeteilt sind.

(4) Bäume haben später durch Fruchtsäfte, die besser schmecken als Feldfrüchte, den Menschen zu milden Sitten geführt. Sie sind es, von denen das Glieder erfrischende Öl der Olive und der Kräfte stärkende Trank des Weins stammen, sowie schließlich so viele übers Jahr von selbst wachsende Leckereien, und von denen bei Gerichten – mag man ihretwegen auch mit wilden Tieren kämpfen und Fischen nachstellen, die sich mit Leichen von Schiffbrüchigen gemästet haben –, doch auch heute noch die Nachtische herrühren.

(5) Tausendfach ist außerdem noch ihr Nutzen, ohne den ein Leben unmöglich wäre: Mit Bäumen durchfurchen wir Meere und nähern uns anderen Ländern, mit Bäumen errichten wir Häuser; aus Bäumen waren früher auch die Statuen der Götter, als man für tote Körper von Elefanten noch keinen teuren Preis ersonnen hatte und als noch nicht, nachdem das Recht auf Luxus von den Göttern ausgegangen war, die Gesichter der Gottheiten aus dem gleichen Elfenbein zu sehen waren wie die Füße der Tische.[4] Man berichtet, dass die Gallier, zurückgehalten durch die Alpen wie durch einen damals unüberwindlichen Schutzwall, zum ersten Mal dadurch einen Anlass gehabt hätten, Italien zu überfluten, dass Helico, Bürger dieser Gallier aus dem Stamm der Helvetier[5], der sich wegen der Schmiedekunst in Rom aufgehalten hatte, getrocknete Feigen und Rosinen sowie frischgepresstes Öl und neuen Wein bei seiner Rückkehr mitbrachte. Daher mag man entschuldigen, dass sie sich diese Produkte sogar durch Krieg zu verschaffen suchten.

Libri XII/XIII: De peregrinis arboribus

(6) sed quis non iure miretur arborem umbrae gratia tantum ex alieno petitam orbe? platanus haec est, in mare Ionium Diomedis insula tenus eiusdem tumuli gratia primum invecta, inde in Siciliam transgressa atque inter primas donata Italiae et iam ad Morinos usque pervecta ac tributarium etiam detinens solum, ut gentes vectigal et pro umbra pendant.

(7) Dionysius prior Siciliae tyrannus Regium in urbem transtulit eas domus suae miraculum, ubi postea factum gymnasium; nec potuisse in amplitudinem augescere aut alias fuisse in Italia ac nominatim Hispania apud auctores invenitur.

(8) hoc actum circa captae urbis aetatem, tantumque postea honoris increvit, ut mero infuso enutriantur. compertum id maxime prodesse radicibus, docuimusque etiam arbores vina potare.

(9) celebratae sunt primum in ambulatione Academiae

Aus den Büchern 12 und 13: Ausländische Bäume[6]

12,6–13 *Die Platane aus dem Orient, der größte bekannte Baum*[7]

(6) Aber wer dürfte sich wohl nicht mit Recht wundern, dass man einen Baum bloß wegen seines Schattens aus einem fremden Land hergeholt hat? Dies ist die ORIENTPLATANE (Platanus orientalis), die zuerst in das Ionische Meer auf die Insel des Diomedes[8] für seinen Grabhügel gebracht wurde; von dort ist sie nach Sizilien hinübergelangt und war unter den ersten Bäumen (dieser Art), die Italien geschenkt wurden, und nun ist sie bereits zu den Morinern[9] verpflanzt worden und steht sogar auf steuerpflichtigem Boden, so dass Völker selbst für Schatten eine Abgabe entrichten.

(7) Dionysius der Ältere, der Herrscher von Sizilien (reg. um 430–367 v. Chr.), verpflanzte Platanen in die Stadt Rhegion[10] als staunenswerte Sehenswürdigkeit seines Palastes, wo später das Gymnasium angelegt wurde. Man liest bei Schriftstellern, dass sie nicht zur vollen Größe heranwachsen konnten oder dass es nicht sonst noch weitere Exemplare in Italien und namentlich in Spanien gegeben hat.

(8) Dies geschah um die Zeit der Eroberung Roms (durch die Gallier, 387 v. Chr.), und so sehr stieg später das Ansehen (dieser Bäume), dass man sie aufzog, indem man sie mit reinem Wein begoss. Man hat nämlich herausgefunden, dass dieser den Wurzeln besonders gut bekommt, und so haben wir sogar die Bäume gelehrt, Wein zu trinken.[11]

(9) Berühmt wurden sie (die Platanen) zuerst am Wan-

Athenis cubitorum XXXIII radice ramos antecedente. nunc est clara in Lycia fontis gelidi socia amoenitate, itineri adposita, domicilii modo cava octoginta atque unius pedum specu, nemorosa vertice et se vastis protegens ramis arborum instar, agros longis obtinens umbris ac, ne quid desit speluncae imagini, saxea intus crepidinis corona muscosos conplexa pumices, tam digna miraculo, ut Licinius Mucianus ter consul et nuper provinciae eius legatus prodendum etiam posteris putaverit, epulatum intra eam se cum duodevicensimo comite, large ipsa toros praebente frondis, ab omni adflatu securum, optantem imbrium per folia crepitus, laetiorem quam marmorum nitore, picturae varietate, laquearium auro cubuisse in eadem.

(10) aliud exemplum Gai principis in Veliterno rure mirati unius tabulata laxisque ramorum trabibus scamna patula et in ea epulati, cum ipse pars esset umbrae, quindecim convivarum ac ministerii capaci triclinio, quam cenam appellavit ille nidum.

(11) est Gortynae in insula Creta iuxta fontem platanus una insignis utriusque linguae monimentis, numquam fo-

delgang der Akademie in Athen, und von einer hat sich eine Wurzel von einer Länge von 33 Ellen (14,65 m) weiter als die Krone ausgedehnt.[12] Heutzutage ist eine Platane in Lykien (in Kleinasien) berühmt durch die liebliche Nachbarschaft einer kühlen Quelle. Sie steht an der Landstraße und hat wie eine Wohnung eine 81 Fuß (23,9 m) große Aushöhlung, einen waldigen Wipfel und beschirmt sich mit gewaltigen Ästen wie mit ganzen Bäumen und bedeckt die Felder weithin mit Schatten. Und damit nichts zum Bild einer Grotte fehlt, enthält die steinerne Umrandung des Grundes im Inneren Tuffsteine voll Moos. Sie war derart bewundernswert, dass Licinius Mucianus, dreimal Konsul und vor Kurzem Legat dieser Provinz, auch der Nachwelt berichten zu müssen glaubte, dass er in ihrem Stamm mit seinem Gefolge von 18 Mann gespeist und auf Polstern des reichlich von ihr gespendeten Laubs – vor jedem Windzug geschützt – gelegen und sich nur das Rauschen des Regens durch die Blätter gewünscht hätte. Mehr beglückt als durch den Glanz von Marmor, durch eine Vielfalt an Malerei und durch das Gold von Tafeldecken habe er in ihr geruht.[13]

(10) Ein anderes Beispiel ist das des Kaisers Gaius (Caligula, reg. 37–41), der im Gebiet von Velitrae[14] an einer einzigen Platane den Bretterboden und auf dem Gebälk der weit ausladenden Äste die breiten Sitzgelegenheiten bewunderte, und er speiste, wobei er selbst einen Teil des Schattens warf,[15] auf einem Gelageplatz, der 15 Gäste und die Dienerschaft aufnehmen konnte, und diesen Speisesaal nannte er »Nest«.

(11) In Gortyn auf der Insel Kreta befindet sich neben einer Quelle eine einzige Platane, die durch Erwähnungen in der griechischen und römischen Literatur berühmt ist und

lia dimittens, statimque ei Graeciae fabulositas superfuit Iovem sub ea cum Europa concubuisse, ceu vero non alia eiusdem generis esset in Cypro. sed ex ea primum in ipsa Creta, ut est natura hominum novitatis avida, platani satae regeneravere vitium, quandoquidem commendatio arboris eius non alia maior est quam soles aestate arcere, hieme admittere.

(12) inde in Italiam quoque ad surburbana sua Claudio principe Marcelli Aesernini libertus, sed qui se potentiae causa Caesaris libertis adoptasset, spado Thessalicus praedives, ut merito dici possit is quoque Dionysius, transtulit id genus. durantque et in Italia portenta terrarum praeter illa scilicet quae ipsa excogitavit Italia.

(13) namque et chamaeplatani vocantur coactae brevitatis, quoniam arborum etiam abortus invenimus. hoc quoque ergo in genere pumilionum infelicitas dicta erit. fit autem et serendi genere et recidendi. primus C. Matius ex equestri ordine, Divi Augusti amicus, invenit nemora tonsilia intra hos LXXX annos.

die niemals ihre Blätter verliert,[16] und sogleich hat sich die Fabelfreude der Griechen[17] ihrer bemächtigt: Jupiter habe mit (der phönizischen Prinzessin) Europa unter ihr geschlafen, wie wenn es nicht noch eine andere von derselben Varietät auf Zypern gäbe. Von diesem Baum aber sind zunächst auf Kreta selbst – begierig, wie die Natur des Menschen nach Neuem ist – weitere (wintergrüne) Platanen großgezogen worden, die immer wieder den gleichen Fehler hatten: Denn diese Baumart empfiehlt sich durch nichts anderes mehr, als dass sie im Sommer die Sonnenstrahlen abhält, sie aber im Winter durchlässt.

(12) Von Kreta hat unter der Regierung des Kaisers Claudius (reg. 41–54) ein Freigelassener des Marcellus Aeserninus, der sich der Machtstellung wegen unter die Freigelassenen des Kaisers hatte aufnehmen lassen und ein steinreicher Eunuch aus Thessalien war, immergrüne Platanen auch nach Italien auf seine Landgüter in der Nähe Roms gebracht, so dass man auch ihn mit Recht »Dionysius« nennen könnte. Auch in Italien sieht man jetzt dauernd Absonderlichkeiten anderer Länder, freilich neben denen, die Italien selbst erdacht hat.

(13) Und so gibt es nämlich auch Zwergplatanen, die wegen ihres gedrungenen Niedrigwuchses so genannt werden, da wir doch sogar noch bei Bäumen Krüppelwuchs erfunden haben.[18] Auch bei dieser Art also soll das Unglück des Zwergwuchses erwähnt sein. Er entsteht aber teils durch die Art der Fortpflanzung (durch Mutation), teils durch die Art des Rückschnitts. Den Formschnitt der Gehölze erfand zuerst vor etwa 80 Jahren Gaius Matius, ein Mann aus dem Ritterstand, ein Freund des göttlichen Augustus (reg. 27 v. Chr. – 14 n. Chr.).

(14) peregrinae et cerasi Persicaeque et omnes quarum Graeca nomina aut aliena, sed quae ex iis incolarum numero esse coepere, dicentur inter frugiferas. in praesentia externas persequemur a salutari maxime orsi.

(15) malus Assyria, quam alii Medicam vocant, venenis medetur. folium eius est unedonis intercurrentibus spinis. pomum ipsum alias non manditur, odore praecellit foliorum quoque, qui transit in vestes una conditus arcetque animalium noxia. arbor ipsa omnibus horis pomifera est, aliis cadentibus, aliis maturescentibus, aliis vero subnascentibus.

(16) temptavere gentes transferre ad sese propter remedii praestantiam fictilibus in vasis, dato per cavernas radicibus spiramento, qualiter omnia transitura longius seri aptissime transferrique meminisse conveniet, ut semel quaeque dicantur. sed nisi apud Medos et in Perside nasci noluit. haec est cuius grana Parthorum proceres incoquere diximus

12,14–21 Einige andere nützliche Bäume des Orients und Afrikas

(14) Ausländisch sind auch die Kirschbäume (Prunus avium) und Pfirsichbäume (Prunus persica) sowie alle, welche griechische Namen tragen oder fremde. Diejenigen aber von ihnen, die angefangen haben, bei uns als heimisch betrachtet zu werden, sollen bei den Obstbäumen besprochen werden (vgl. 15,44 f.; 15,102 f.[19]). Im Augenblick will ich bei den fremdländischen Bäumen verharren und mit dem heilkräftigsten beginnen:

(15) Der assyrische Apfelbaum, den andere den medischen nennen (ZITRONATZITRONE, Citrus medica), heilt Vergiftungen. Seine Blätter gleichen denen des Erdbeerbaums (Arbutus andrachne), nur mit Dornen dazwischen.[20] Sein Apfel selbst wird übrigens nicht gegessen. An Duft aber übertrifft er auch den der Blätter, der in die Kleider übergeht, wenn man sie zusammen aufbewahrt, und Schäden durch Ungeziefer abwehrt. Der Baum selbst trägt zu jeder Zeit Früchte: Während die einen abfallen, werden andere reif und wieder andere wachsen nach.

(16) Leute haben versucht, ihn wegen seiner hervorragenden Heilkräfte (vgl. 23,105) in Tontöpfen, in denen man durch Löcher den Wurzeln Luft zum Atmen gab, zu sich zu holen, damit, um es ein für alle Mal zu sagen, daran erinnert sei, auf welche Weise alle weiter entfernt zu versendenden Gewächse am günstigsten eingepflanzt und verschickt werden. Doch der Baum wollte nur bei den Medern und in Persien (im Freien) gedeihen.[21] Es ist der gleiche Baum, dessen Fruchtkerne die vornehmen Parther, wie ich gesagt habe (11,278), mit ihren Speisen kochen, um den

esculentis commendandi halitus gratia. nec alia arbor laudatur in Medis.

(17) lanigeras Serum in mentione gentis eius narravimus, item Indiae arborum magnitudinem. unam e peculiaribus Indiae Vergilius celebravit hebenum, nusquam alibi nasci professus. Herodotus eam Aethiopiae intellegi maluit in tributi vicem regibus Persidis e materia eius centenas phalangas tertio quoque anno pensitasse Aethiopas cum auro et ebore prodendo.

(18) non omittendum id quoque, vicenos dentes elephantorum grandes, quoniam ita significavit, Aethiopas ea de causa pendere solitos. tanta ebori auctoritas erat urbis nostrae CCCX anno; tunc enim auctor ille historiarum condidit Thuriis in Italia, quo magis mirum est quod eidem credimus, qui Padum amnem vidisset neminem ad id tempus Asiae Graeciaeque aut sibi cognitum.

(19) Aethiopiae forma – ut diximus, nuper allata Neroni principi – raram arborem Meroen usque a Syene fine impe-

Atem angenehm zu machen. Sonst ist kein anderer Baum bei den Medern rühmlicher Erwähnung wert.

(17) Von den seidetragenden Bäumen der Chinesen habe ich bei der Erwähnung dieses Volkes berichtet (Weißer Maulbeerbaum, Morus alba, 6,54), wie auch von der gewaltigen Größe indischer Bäume (Ficus benghalensis *L.*, 7,21 und 12,22 f.*). Als einzigen der für Indien eigentümlichen Bäume hat Vergil (*Georgica* 2,116 f.) den EBENHOLZBAUM (Indisches Ebenholz, Diospyros ebenum *König*)[22] gerühmt und erklärt, dass er nirgendwo sonst wachse. Herodot (3,97,3; 3,114) wollte ihn lieber als einen Baum Äthiopiens (also des heutigen Sudan) verstanden wissen, indem er mitteilt, dass die Äthiopier alle zwei Jahre zusammen mit Gold und Elfenbein 100 Stämme an Rundholz den persischen Königen als Tribut geliefert hätten (Afrikanisches Ebenholz, Dalbergia melanoxylon *Guill. & Perrott*)[23].

(18) Es soll auch folgende Information nicht übergangen werden, dass die Äthiopier nach derselben Mitteilung aus demselben Anlass 20 große Elefantenzähne zu liefern pflegten. Einen so hohen Wert hatte das Elfenbein im 310. Jahr unserer Stadt (444 v. Chr.), denn damals verfasste Herodot, der berühmte Verfasser der Historien, sein Werk in Thurii in Unteritalien. Umso merkwürdiger ist es, dass wir ihm (3,115) glauben, bis zu dieser Zeit sei den Asiaten und Griechen oder auch ihm selbst niemand begegnet, der den Fluss Padus (heute Po)[24] gesehen habe.

(19) Die Landkarte Äthiopiens – ich habe schon gesagt (6,181), dass sie neulich dem Kaiser Nero (reg. 54–68) überbracht wurde – hat gezeigt, dass Bäume bis hin nach Meroë (im heutigen Sudan) von Syene (heute Assuan) an, also von der Grenze des römischen Reiches (in Oberägypten),

rii per DCCCCLXXXXVI p. nullamque nisi palmarum generis esse docuit. ideo fortassis in tributi auctoritate tertia res fuerit hebenus.

(20) Romae eam Magnus Pompeius triumpho Mithridatico ostendit. accendi Fabianus negat, uritur tamen odore iucundo. duo genera eius: rarum id quod melius, arboreum, purae et enodis materiae nigri splendoris ac vel sine arte protinus iucundi, alterum fruticosum cytisi modo et tota India dispersum.

(21) est ibi et spina similis, sed deprehensa vel lucernis igni protinus transiliente. [...]

(21) [...] nunc eas exponemus, quas mirata est Alexandri Magni victoria orbe eo patefacto.

(22) ficus ibi exilia poma habet, se ipsa semper serens.

über eine Strecke von 996 000 Doppelschritten (1474 km) überhaupt selten sind und dass es (dort) keine anderen Bäume gibt als die, die zur Familie der Palmen (Arecaceae) gehören.[25] Vielleicht hat deshalb das Ebenholz nach seinem Wert beim Tribut die dritte Stelle eingenommen.

(20) In Rom stellte dieses Holz Pompeius der Große bei seinem Triumph über Mithridates (61 v. Chr.) zur Schau. Fabianus[26] behauptet, es würde nicht brennen; es verbrennt jedoch mit angenehmem Geruch. Es gibt zwei Arten von ihm (dem Ebenholz): Die seltene und zugleich bessere ist baumförmig, mit glattem und knotenlosem Holz von schwarzem Glanz, der auch ohne Verarbeitung sogleich ansprechend ist (Diospyros ebenum), die andere strauchartig, ähnlich dem Schneckenklee (Medicago arborea)[27], und in ganz Indien verbreitet (Dalbergia sissoo *Roxb.*).

(21) Es gibt dort (in Ägypten) auch einen dem Ebenholzbaum ähnlichen Dornstrauch (Acacia seyal *Del.*), der sich aber daran erkennen lässt, dass schon von einer Lampe sofort Feuer auf ihn überspringt.[28] [...]

12,21–25 *Einige Bäume in Persien und Indien – unter anderen der größte Baum der Welt*

(21) [...] Nun wollen wir diejenigen Bäume vorstellen, die die Teilnehmer am Siegeszug Alexanders des Großen bewundert haben, nachdem er diesen Teil des Erdkreises erschlossen hatte (326 v. Chr.).

(22) Der dortige Feigenbaum, der BANYANBAUM (Ficus benghalensis *L.*) hat eine kleine Frucht[29] und pflanzt sich

vastis diffunditur ramis, quorum imi in terram adeo curvantur, ut annuo spatio infigantur novamque sibi progeniem faciant circa parentem in orbem quodam opere topiario. intra saepem eam aestivant pastores, opacam pariter et munitam vallo arboris, decora specie subter intuenti proculve fornicato ambitu.

(23) superiores eiusdem rami in excelsum emicant silvosa multitudine, vasto matris corpore, ut LX passus pleraeque orbe colligant, umbra vero bina stadia operiant. foliorum latitudo peltae effigiem Amazonicae habet; ea causa fructum integens crescere prohibet. rarusque est nec fabae magnitudinem excedens, sed per folia solibus coctus praedulcis sapore et dignus miraculo arboris. gignitur circa Acesinen maxime amnem.

(24) maior alia pomo et suavitate praecellentior, quo sapientes Indorum vivunt. folium alas avium imitatur, longitudine trium cubitorum, latitudine duum. fructum cortice emittit admirabilem suci dulcedine, ut uno quaternos sa-

immer von selbst fort. Er breitet seine Äste weit aus, von denen sich die untersten so sehr zur Erde hinabneigen, dass sie im Zeitraum eines Jahres einwurzeln und kreisförmig rund um den Mutterstamm sich neue Sprösslinge bilden, gleichsam wie durch die Kunst eines Gärtners gepflanzt.[30] Innerhalb eines solchen Geheges lagern im Sommer die Hirten, da es schattig und zugleich durch die Palisaden des Baumes geschützt ist. Ein stattliches Aussehen hat er von unten betrachtet oder von fern wie ein überwölbter Umgang.

(23) Seine obersten Äste ragen mit ihrer waldigen Krone hoch empor vom mächtigen Mutterstamm, so dass die meisten einen Kreis von 60 Schritten (89 m) umfassen, ihr Schatten aber zwei Stadien (360 m) weit reicht. Die Blattspreite hat die Gestalt eines Amazonenschildes; deshalb behindert sie das Wachstum der Früchte, indem sie diese bedeckt. Es sind nicht viele, und sie sind nicht größer als eine Bohne. Wenn aber die durch die Blätter dringenden Sonnenstrahlen sie zur Reife gebracht haben, haben sie einen sehr süßen Geschmack und sind des Wunders dieses Baumes würdig. Er wächst vor allem am Fluss Akesines (heute Chenab).

(24) Eine größere Frucht hat ein anderer Baum (MANGOBAUM, Mangifera indica *L.*), und er übertrifft jenen durch den süßen Geschmack seiner Frucht, von der die Gymnosophisten der Inder leben.[31] Das Blatt (eines anderen Baums, der BANANENSTAUDE, Musa paradisiaca *L.*) ahmt Vogelflügel nach, ist drei Ellen (135 cm) lang und zwei breit (88 cm). Er lässt seinen Fruchtstand aus der Rinde hervorbrechen, und die Früchte sind wunderbar wegen des süßen Geschmacks ihres Fleisches, so dass er durch einen einzi-

tiet. arbori nomen palae, pomo arierae. plurima est in Sydracis, expeditionum Alexandri termino. [...]

(25) genera arborum Macedones narravere maiore ex parte sine nominibus. [...]

(37) [...] Rubro mari, quod ibi Persicum vocavimus, longe in terram aestus agente, mira arborum natura. namque erosae sale, invectis derelictisque similes, sicco litore radicibus nudis polyporum modo amplexae steriles harenas spectantur. eaedem mari adveniente fluctibus pulsatae resistunt inmobiles; quin et pleno aestu operiuntur totae, adparetque rerum argumentis asperitate aquarum illas ali. magnitudo miranda est, species similis unedoni, pomum amygdalis extra, intus contortis nucleis.

(38) Tylos insula in eodem sinu est, repleta silvis qua spectat orientem quaque et ipsa aestu maris perfunditur. magnitudo singulis arboribus fici, flos suavitate inenarra-

gen Fruchtstand vier Menschen sättigt. Der Baum heißt »Pala«,[32] die Frucht »Ariera«. Er ist sehr häufig im Gebiet der Sydrakier (im Pandschab), dem Endpunkt der Alexanderzüge.[33] [...]

(25) Noch von weiteren Arten von Bäumen berichteten die Makedonen, aber größtenteils ohne Namen. [...]

12,37–41 Mangrovenwälder am Persischen Golf

(37) [...] Das Rote Meer, das ich oben (6,108) den »Persischen Golf« genannt habe, ergießt seine Fluten weit ins Land hinein mit Bäumen von außergewöhnlicher Beschaffenheit (MANGROVENBÄUME, besonders Avicennia officinalis *L.* und Rhizophora mucronata *Lam.*)[34]. Denn man sieht, wie sie, vom Salzwasser angefressen, angetriebenem und liegengebliebenem Strandgut ähnlich, wenn das Ufer (bei Ebbe) trockengefallen ist, mit nackten Wurzeln nach Art von Polypen dürren Sand umklammern. Dieselben bleiben bei anbrandender Flut, von Wellen gepeitscht, unbeweglich an ihrem Platz, ja sie werden sogar bei voller Flut ganz überdeckt, und durch den Befund dieser Tatsachen wird deutlich, dass ihnen der Salzgehalt des Wassers zur Nahrung dient. Ihre Höhe ist erstaunlich,[35] und sie sehen aus wie ein Erdbeerbaum (Arbutus andrachne); die Frucht (von Avicennia officinalis) ähnelt Mandeln äußerlich, innen haben sie gefältelte Kerne.[36]

(38) Die Insel Tylos (heute Baḥrein) liegt in demselben Golf und ist im Osten, wo sie den Überflutungen durch das Meer ausgesetzt ist, von Mangrovenwäldern bedeckt. Einzelne Bäume dort (Aegiceras corniculatum *[L.] Blanco*)

bili, pomum lupino simile, propter asperitatem intactum omnibus animalibus. eiusdem insulae excelsiore suggestu lanigerae arbores, alio modo quam Serum: his folia infecunda, quae ni minora essent, vitium poterant videri. ferunt mali cotonei amplitudine cucurbitas, quae maturitate ruptae ostendunt lanuginis pilas, ex quibus vestes pretioso linteo faciunt.

(39) arborem vocant gossypinum, fertiliore etiam Tylo minore, quae distat $\overline{X}$ p. Iuba circa fruticem lanugines esse tradit linteaque ea Indicis praestantiora, Arabiae autem arborem, ex qua vestes faciant, cynas vocari, folio palmae simili. sic Indos suae arbores vestiunt. in Tylis autem et alia arbor floret albae violae specie, sed magnitudine quadriplici, sine odore, quod miremur in eo tractu.

(40) est et alia similis, foliosior tamen roseique floris, quem noctu conprimens aperire incipit solis exortu, meridie expandit; incolae dormire eum dicunt. fert eadem insu-

haben die Größe eines Feigenbaums, eine Blüte von unbeschreiblichem Duft und eine der Lupine ähnliche Hülsenfrucht, die aber wegen ihres salzigen Geschmacks von keinem Tier berührt wird. Auf einer höhergelegenen Fläche derselben Insel wachsen Wolle tragende Bäume (BAUMWOLLE, Gossypium arboreum *L.*), jedoch von anderer Art als die Maulbeerbäume der Chinesen (Morus alba).[37] Sie haben Blätter, die man nicht verwerten kann und die man, wenn sie nicht kleiner wären, für Weinblätter halten könnte. Sie tragen kürbisartige Früchte von der Größe einer Quitte, die, wenn sie bei der Reife aufspringen, Wollknäuel sehen lassen, aus denen man kostbare Kleiderstoffe macht.

(39) Den Baum nennt man »Gossypinum«. Noch üppiger wächst er auf der Nachbarinsel Klein-Tylos (heute Muharraq), die 10 000 Doppelschritte (14,8 km) entfernt ist. Juba berichtet,[38] dass an den Ästen eines Strauches Wolle vorkomme (Boehmeria nivea *[L.] Gaud.-Beaup.*) und dass die Stoffe daraus noch vorzüglicher seien als die aus indischer Baumwolle.[39] Der Baum Arabiens aber, aus dem man Kleidung herstellt, heiße »Cynas« und habe Blätter wie eine Palme (Seidenwollbaum, Bombax ceiba).[40] So lassen sich die Inder von ihren Bäumen einkleiden. Auf den beiden Tylos-Inseln jedoch blüht noch ein anderer Baum wie eine Levkoje (Matthiola *sp.*), nur viermal so groß, ohne Duft, was mir in jener Gegend merkwürdig erscheint (Delonix elata *[L.] Gamble*).

(40) Es gibt noch einen anderen ähnlichen Baum (Brugiera gymnorhiza *Lam.*) mit mehr Blättern und mit rosenfarbenen Blüten, die er nachts zusammenfaltet, bei Sonnenaufgang zu öffnen beginnt und mittags ganz ausbreitet. Die Einheimischen sagen, er schlafe.[41] Dieselbe Insel bringt

la et palmas oleasque ac vites et cum reliquo pomorum genere ficos. nulli arborum folia ibi decidunt, rigaturque gelidis fontibus et imbres accipit.

(41) vicina his Arabia flagitat quandam generum distinctionem, quoniam fructus constant radice, frutice, cortice, suco, lacrima, ligno, surculo, flore, folio, pomo.

(51) cinnamomo proxima gentilitas erat, ni prius Arabiae divitias indicari conveniret causasque quae cognomen illi felicis ac beatae dedere. principalia ergo in illa tus atque murra, haec et cum Trogodytis communis, tura praeter Arabiam nullis ac ne Arabiae quidem universae.

(52) in medio eius fere sunt Atramitae, pagus Sabaeorum capite regni Sabota in monte excelso, a quo octo mansionibus distat regio eorum turifera Sariba appellata; hoc significare Graeci mysterium dicunt. spectat ortus solis aestivi,

auch Palmen, Ölbäume und Weinstöcke hervor und zusammen mit den übrigen Obstarten auch Feigen. Kein Baum verliert dort seine Blätter; bewässert wird sie (die Insel) durch kalte Quellen, aber sie hat auch Regen.

(41) Das diesen Inseln benachbarte Arabien verlangt eine eigene Einteilung seiner Pflanzenarten, da ja deren Erzeugnisse aus Wurzel, Gezweig, Rinde, Saft, Tropfharz, Holz, Spross, Blüte, Blatt und Frucht bestehen.

12,51–68 Die kostbarsten Räucherharze und Duftöle aus Bäumen Arabiens

(51) Es wäre (nach dem Amomum [12,48–50]) der Zeylonzimt (Cinnamomum zeylanicum *Nees*) gemäß der Namensverwandtschaft das Nächste,[42] wenn es nicht angemessener wäre, zuvor die Schätze Arabiens anzuführen und die Gründe, die jenem Land den Beinamen des »Reichen« und »Glücklichen« gegeben haben. Seine Spitzenerzeugnisse also sind Weihrauch und Myrrhe;[43] Letztere kommt aber auch im Land der Troglodyten (im östlichen Nubien) vor. WEIHRAUCH (Boswellia sacra *Flückiger*) gibt es nur in Arabien und nicht einmal hier überall.

(52) Ungefähr in seiner (südlichen) Mitte leben die Bewohner von Hadramaut, einem Gau der Sabäer,[44] mit der Hauptstadt ihres Königreiches Sabota (heute Šabwa in Jemen) auf einem hohen Berg; acht Tagesreisen davon entfernt liegt ihr weihrauchtragendes Gebiet, Sariba genannt; die Griechen sagen, das bedeute »Geheimnis«.[45] Es ist ausgerichtet auf den sommerlichen Sonnenaufgang, auf allen Seiten durch Felsen unwegsam und auf der rechten (südli-

undique rupibus invia et a dextera mari scopulis inaccesso. id solum e rubro lacteum traditur.

(53) silvarum longitudo est schoeni XX, latitudo dimidium eius. schoenus patet Eratosthenis ratione stadia XL, hoc est p. $\overline{\text{V}}$, aliqui XXXII stadia singulis schoenis dedere. attolluntur colles alti, decurruntque et in plana arbores sponte natae. terram argillosam esse convenit, raris fontibus ac nitrosis.

(54) attingunt et Minaei, pagus alius, per quos evehitur uno tramite angusto. hi primi commercium turis fecere maximeque exercent, a quibus et Minaeum dictum est. nec praeterea Arabum alii turis arborem vident, ac ne horum quidem omnes, feruntque $\overline{\text{III}}$ non amplius esse familiarum quae ius per successiones id sibi vindicent; sacros vocari ob id nec ullo congressu feminarum funerumque, cum incidant eas arbores aut metant, pollui atque ita religionem mercis augeri. quidam promiscuum tus iis populis esse tradunt in silvis, alii per vices annorum dividi.

(55) nec arboris ipsius quae sit facies constat. res in Arabia gessimus et Romana arma in magnam partem eius penetra-

chen) Seite durch Meeresklippen unzugänglich. Der Boden soll hier aus dem Rötlichen ins Milchfarbene übergehen.

(53) Die Länge der Wälder beträgt 20 Schoinen, die Breite die Hälfte davon. Nach der Berechnung des Eratosthenes (3. Jh. v. Chr.) besteht ein Schoinos aus 40 Stadien (also 185 km), das sind 5000 Schritte; einige haben einem Schoinos nur 32 Stadien gegeben (also 148 km).[46] Es erheben sich (dort) hohe Hügel, und wildwachsende Bäume reichen auch in die Ebene hinab. Man stimmt darin überein, dass die Erde reich an weißem Ton ist, mit seltenen natronhaltigen Quellen.

(54) Daran grenzt auch das Gebiet der Minäer, ein anderer Gau, durch den auf einem einzigen schmalen Pfad die Ausfuhr erfolgt. Diese Leute haben als Erste den Weihrauchhandel betrieben und betreiben ihn noch am meisten, wonach der Weihrauch auch der »Minäische« heißt. Außer ihnen kennt kein Araber den Weihrauchbaum vom Sehen, ja nicht einmal jene kennen ihn alle, denn es sollen nicht mehr als 3000 Familien sein, die dieses Recht durch Erbfolge für sich in Anspruch nehmen. Deshalb würden sie – so berichtet man – »Heilige« genannt und sie würden sich auch nicht durch einen Umgang mit Frauen und Teilnahme an Leichenbegängnissen, wenn sie diese Bäume einschneiden oder ernten, verunreinigen, und auf diese Weise werde der heilige Wert der Ware erhöht. Einige behaupten, der Weihrauch in den Wäldern gehöre diesen Völkern gemeinsam, nach anderen sollen sie sich ein Jahr um das andere abwechseln.

(55) Auch über das Aussehen des Baumes selbst gibt es keine übereinstimmende Ansicht. Wir haben in Arabien Krieg geführt (25/24 v. Chr.), und römische Waffen sind in

vere, Gaius etiam Caesar Augusti filius inde gloriam petiit, nec tamen ab ullo, quod equidem sciam, Latino arborum earum tradita est facies.

(56) Graecorum exempla variant: alii folio piri, minore dumtaxat et herbidi coloris, prodidere, alii lentisco similem subrutilo folio, quidam terebinthum esse, et hoc visum Antigono regi allato frutice. Iuba rex iis voluminibus, quae scripsit ad C. Caesarem Augusti filium ardentem fama Arabiae, tradit contorti esse caudicis, ramis aceris maxime Pontici, sucum amygdalae modo emittere, talesque in Carmania apparere et in Aegypto satas studio Ptolemaeorum regnantium.

(57) cortice lauri esse constat; quidam et folium simile dixere: talis certe fuit arbor Sardibus, nam et Asiae reges serendi curam habuerunt. qui mea aetate legati ex Arabia venerant, omnia incertiora fecerunt, quod iure miremur, virgis etiam turis ad nos commeantibus, quibus credi potest matrem quoque teretem enodi fruticare trunco.

einen großen Teil dieses Landes vorgedrungen. Auch Gaius Caesar, der Sohn des Augustus (reg. 27 v. Chr. – 14 n. Chr.), hat dort Ruhm erworben, und doch ist, so viel ich weiß, von keinem lateinischen Gewährsmann das Aussehen dieser Bäume beschrieben worden.

(56) Die Berichte der Griechen weichen voneinander ab: Einige sagen, der Baum habe ein (Fieder-)Blatt wie das des Birnbaums, nur kleiner und grasgrün, andere, er gleiche dem Mastixstrauch (Pistacia lentiscus) mit leicht rötlichen Blättern, wieder andere meinen, er sei eine Terpentinpistazie (Pistacia terebinthus) und der König Antigonos, dem man einen Strauch brachte, habe ebenfalls diese Meinung gehabt.[47] König Juba sagt in den Büchern, die er an Gaius Caesar, den Sohn des Augustus, richtete, der für jede Nachricht aus Arabien entflammt war, der Baum habe einen gewundenen Stamm, Äste ganz wie der Kolchische Ahorn (Acer cappadocicum *Gleditsch*)[48] und scheide einen Saft aus wie der Mandelbaum (Prunus dulcis). Man finde solche Bäume auch in Karmanien (heute Kerman im Iran) und in Ägypten, wo sie durch die Bemühungen der regierenden Ptolemäer gepflanzt worden seien.[49]

(57) Dass sie eine Rinde wie der Lorbeerbaum haben, so viel ist sicher. Manche behaupten, auch sein (Fieder-)Blatt sei diesem ähnlich: So jedenfalls war der Baum in Sardeis beschaffen, denn auch die Könige Kleinasiens bemühten sich, ihn anzupflanzen. Die Gesandten, die zu meiner Zeit aus Arabien kamen, haben alles noch ungewisser gemacht, worüber man sich mit Recht wundern muss, da sogar Weihrauchzweige zu uns kamen, aus denen man schließen kann, dass auch der Mutterbaum rundstämmig ist und am astlosen Stamm Harz ausschwitzt.

(58) meti semel anno solebat minore occasione vendendi; iam quaestus alteram vindemiam adfert. prior atque naturalis vindemia circa canis ortum flagrantissimo aestu, incidentibus qua maxime videatur esse praegnas tenuissimusque tendi cortex. laxatur hic plaga, non adimitur; inde prosilit spuma pinguis. haec concreta densatur, ubi loci natura poscat, tegete palmea excipiente, aliubi area circumpavita. purius illo modo, sed hoc ponderosius. quod in arbore haesit, ferro depectitur, ideo corticosum.

(59) silva divisa certis portionibus mutua innocentia tuta est: nemo saucias arbores custodit, nemo furatur alteri. at Hercules! Alexandriae, ubi tura interpolantur, nulla satis custodit diligentia officinas. subligaria signantur opifici; persona additur capiti densusve reticulus; nudi emittuntur! tanto minus fidei apud nos poena quam apud illos silvae habent!

(60) autumno legitur ex aestivo partu; hoc purissimum, candidum. secunda vindemia est vere, ad eam hieme corticibus incisis. rufum hoc exit nec conparandum priori. illud carfiathum, hoc dathiathum vocant. creditur et novellae ar-

(58) Man pflegte im Jahr nur einmal zu ernten, als die Möglichkeit des Absatzes noch gering war. Jetzt macht die Nachfrage eine zweite Ernte notwendig. Die erste und auch natürliche Ernte erfolgt um den Aufgang des Hundssterns (im frühen Herbst) in sengender Hitze, indem man dort, wo der Baum am saftreichsten und die Rinde am dünnsten erscheint, Einschnitte macht. Man erweitert hier den Schnitt, entfernt aber nichts; daraufhin fließt ein fetter Schaum heraus. Dieser verfestigt sich und verdickt und wird, wo es die Umstände erfordern, auf einer Palmenmatte oder anderswo auf dem ringsum festgetretenen Boden aufgefangen. Bei jenem Verfahren wird er reiner, doch bei diesem schwerer. Was am Baum hängen bleibt, wird mit einem Eisen abgeschabt; daher ist es voller Rinde.

(59) Der Wald ist in verschiedene Bezirke eingeteilt und ist durch gegenseitige Ehrlichkeit sicher: Niemand bewacht die angeschnittenen Bäume, niemand bestiehlt den anderen. Aber, beim Herkules, in Alexandria (in Ägypten), wo der Weihrauch verfälscht wird,[50] reicht keine Vorsicht zur Bewachung der Werkstätten aus. Man kennzeichnet dem Arbeiter die Schürzen, man legt ihm eine Maske oder ein dichtes Netz über den Kopf und lässt ihn nur nackt herausgehen: An Ehrlichkeit bewirkt bei uns die Strafe so viel weniger als bei jenen die Wälder!

(60) Im Herbst erntet man, was der Sommer hervorgebracht hat; dieser Weihrauch ist sehr rein und weiß.[51] Die zweite Ernte findet im Frühling statt, dafür macht man im Winter Einschnitte in die Rinde. Dieser kommt braunrot hervor und ist mit dem ersten nicht zu vergleichen. Jenen nennt man »Carfiathum«, diesen »Dathiathum«.[52] Man glaubt auch, dass von einem jüngeren Baum der Weihrauch

boris candidius esse, sed veteris odoratius. quidam et in insulis melius putant gigni, Iuba in insulis negat nasci.

(61) quod ex eo rotunditate guttae pependit, masculum vocamus, cum alias non fere mas vocetur ubi non sit femina; religioni tributum, ne sexus alter usurparetur. masculum aliqui putant a specie testium dictum. praecipua autem gratia mammoso, cum haerente lacrima priore consecuta alia miscuit se. singula haec manum inplere solita invenio, cum minore deripiendi aviditate lentius nasci liceret.

(62) Graeci stagonian et atomum tali modo appellant, minorem autem orobian. micas concussu elisas mannam vocamus. etiamnum tamen inveniuntur guttae quae tertiam partem minae, hoc est XXVIII denariorum pondus, aequent. Alexandro Magno in pueritia sine parsimonia tura ingerenti aris paedagogus Leonides dixerat, ut illo modo, cum devicisset turiferas gentes, supplicaret. at ille Arabiae potitus ture onustam navem misit et exhortatus est, ut large deos adoraret.

(63) tus collectum Sabotam camelis convehitur, porta ad id una patente. degredi via capital reges fecere. ibi decumas

weißer ist, von einem älteren aber wohlriechender. Einige nehmen auch an, dass auf den Inseln ein besserer wachse. Juba jedoch leugnet, dass er auf den Inseln vorkomme.

(61) Was am Stamm in runden Tropfen hängen bleibt, nennen wir »männlichen« Weihrauch, obwohl man sonst in der Regel nicht etwas »männlich« nennt, wo es nicht auch etwas »Weibliches« gibt: Dem Anstand ist es geschuldet, dass das andere Geschlecht nicht gebraucht wurde. Einige glauben, der männliche habe seinen Namen von der hodenähnlichen Gestalt. Besonderes Ansehen aber hat der zitzenförmige, wenn dem zuerst herabhängenden Tropfen ein weiterer gefolgt ist und sich mit ihm vermischt hat. Ich finde die Information, dass gewöhnlich ein einzelnes Stück die Hand ausgefüllt hat, als die Sucht des Sammelns noch nicht so groß war und alles sich langsamer bilden konnte.

(62) Die Griechen nennen derartige Stücke »Tropfweihrauch« und »unzerteilbaren Weihrauch«, den kleinen aber »Kichererbsen-Weihrauch«. Die durch Schütteln abgesprengten Splitter nennen wir »Manna«. Auch jetzt noch finden sich Tropfen, welche dem dritten Teil einer Mine – das ist das Gewicht von 28 Denaren (etwa 127 g) – gleichkommen. Als Alexander der Große (geboren 356 v. Chr.) im Knabenalter Weihrauch ohne Sparsamkeit auf die Altäre warf, hatte einst sein Lehrer Leonidas gesagt, er solle so verschwenderisch erst opfern, wenn er die Weihrauch liefernden Völker besiegt habe. Aber nachdem nun Alexander wirklich (Nord-)Arabien erobert hatte, schickte er ihm (332 v. Chr.) ein mit Weihrauch beladenes Schiff mit der Aufforderung, er solle davon reichlich den Göttern spenden.

(63) Der gesammelte Weihrauch wird auf Kamelen nach Sabota gebracht, wo nur ein einziges Stadttor für ihn offen

deo quem vocant Sabin mensura, non pondere, sacerdotes capiunt, nec ante mercari licet: inde inpensae publicae tolerantur; nam et benigne certo dierum numero deus hospites pascit. evehi non potest nisi per Gebbanitas, itaque et horum regi penditur vectigal.

(64) caput eorum Thomna abest a Gaza, nostri litoris in Iudaea oppido, |$\overline{\text{XXIIII}}$| · $\overline{\text{XXXVII}}$ · D p., quod dividitur in mansiones camelorum LXV. sunt et quae sacerdotibus dantur portiones scribisque regum certae. sed praeter hos et custodes satellitesque et ostiarii et ministri populantur.

(65) iam quacumque iter est aliubi pro aqua, aliubi pro pabulo aut pro mansionibus variisque portoriis pendunt, ut sumptus in singulas camelos 𐆖 DCLXXXVIII ad nostrum litus colligat, iterumque imperii nostri publicanis penditur. itaque optimi turis libra 𐆖 VI pretium habet, secundi 𐆖 V, tertii 𐆖 III. adulteratur apud nos resinae candidae gemma perquam simili, sed deprehenditur quibus dictum est modis. probatur candore, amplitudine, fragilitate, carbone, ut

steht. Vom Weg abzuweichen ist ein Verbrechen, das die Könige mit dem Tod bestrafen. Dort nehmen sich die Priester für einen Gott, den sie Sabis nennen,[53] den zehnten Teil nach dem Raummaß, nicht nach dem Gewicht, und vorher darf nichts verkauft werden. Davon werden die öffentlichen Ausgaben bestritten, denn der Gott unterhält auch Gäste freigebig an einer gewissen Zahl von Tagesreisen. Ausgeführt werden kann der Weihrauch nur durch das Gebiet der Gebbaniten[54], und daher zahlt man auch ihrem König eine Abgabe.

(64) Ihre Hauptstadt Thomna (heute Kochlan in Südjemen) ist von der an unserer (Mittelmeer-)Küste in Judäa gelegenen Stadt Gaza 2 437 500 Schritte[55] (3607,5 km) entfernt, eine in 65 Kamelstationen eingeteilte Strecke.[56] Auch an die Priester und Schreiber des Königs werden bestimmte Anteile abgeführt. Aber außer diesen raffen davon manches auch Wächter, Gefolgsleute, Torhüter und Diener an sich.

(65) Überhaupt: Wo auch immer der Weg durchführt, muss man bald hier für Wasser, bald dort für Futter oder für Herbergen und für verschiedene Durchgangszölle bezahlen, so dass die Ausgaben für ein Kamel bis an unsere Küste 688 Denare betragen, und überdies wird auch noch an die Zolleinnehmer unseres Reiches gezahlt. Deshalb beträgt der Preis für das Pfund (327 g) des besten Weihrauchs sechs, für die zweite Sorte fünf und für die dritte drei Denare. Man verfälscht ihn bei uns mit den tropfenförmigen Stücken eines weißen Harzes,[57] das ihm völlig ähnlich ist; aber man erkennt das mit den bereits angegebenen Methoden (12,36). Man prüft ihn am weißen Aussehen, an der Größe und Zerbrechlichkeit, ferner dadurch, dass er, auf Kohle ge-

statim ardeat, item ne dentem recipiat potiusque in micas frietur.

(66) murram in isdem silvis permixta arbore nasci tradidere aliqui, plures separatim, quippe multis locis Arabiae gignitur, ut apparebit in generibus. convehitur et ex insulis laudata, petuntque eam etiam ad Trogodytas Sabaei transitu maris. sativa quoque provenit, multum silvestri praelata. gaudet rastris atque ablaqueationibus, melior radice refrigerata.

(67) arbori altitudo ad quinque cubita, nec sine spina, caudice duro et intorto, crassiore quam turis, et ab radice etiam quam reliqua sui parte. corticem levem similemque unedoni scabrum alii spinosumque dixere, folium olivae, verum crispius et aculeatum, Iuba olusatri. aliqui similem iunipero, scabriorem tantum spinisque horridam, folio rotundiore, sed sapore iuniperi. nec non fuere qui e turis arbore utrumque nasci mentirentur.

(68) inciduntur bis et ipsae iisdemque temporibus, sed a

bracht, sofort brennt. Überdies darf er den Zahn nicht eindringen lassen und muss vielmehr in kleine Stücke zerspringen.

(66) Einige haben berichtet, das Harz der MYRRHE (Commiphora myrrha und verwandte Arten) entstehe in denselben Wäldern an Bäumen, die mit den Weihrauchbäumen gemischt stehen, nach einer größeren Zahl von Gewährsleuten jedoch getrennt. Sie gedeiht ja (im Gegensatz zum Weihrauch) an vielen Orten Arabiens,[58] wie sich bei der Behandlung ihrer Sorten zeigen wird. Eine vorzügliche Sorte kommt auch von den Inseln, und die Sabäer holen sie sogar bei den Troglodyten jenseits des Roten Meeres. Sie wird auch kultiviert und dann der wilden bei Weitem vorgezogen. Sie gedeiht besonders durch Hacken und Lockern des Erdreichs, wird aber noch besser, wenn ihre Wurzel kühl gehalten wird.

(67) Der Baum erreicht eine Höhe von bis zu fünf Ellen (2,22 m) und ist nicht ohne Dornen, hat einen harten und gewundenen Stamm, dicker als der des Weihrauchbaums, und zwar mehr an der Wurzel als in seinen übrigen Teilen. Die Rinde soll glatt und der des Erdbeerbaums (Arbutus andrachne) ähnlich sein, andere nannten sie rau und dornig. Das Blatt gleiche dem des Ölbaums (Olea europaea), sei aber krauser und zugespitzt; nach Juba ähnelt es dem des Pferdeeppichs (Smyrnium olusatrum). Nach einigen ist der Baum dem Wacholder (Juniperus *sp.*) ähnlich, nur rauer und von Dornen starrend,[59] mit runderem Blattwerk, aber mit dem Geschmack des Wacholders. Und es gab auch Leute, die fälschlicherweise behaupteten, Weihrauch und Myrrhe kämen beide vom Weihrauchbaum.

(68) Auch in die Bäume der Myrrhe macht man zweimal

radice usque ad ramos qui valent. sudant autem sponte prius quam incidantur stacte dicta, cui nulla praefertur. ab hac sativa et in silvestri quoque melior aestiva. non dant ex murra portiones deo, quoniam et apud alios nascitur; regi tamen Gebbanitarum quartas partes eius pendunt. cetero passim a vulgo coemptam in folles conferciunt, nostrique unguentarii digerunt haud difficulter odoris atque pinguedinis argumentis.

(85) cinnamomum et casias fabulose narravit antiquitas princepsque Herodotus: avium nidis et privatim phoenicis, in quo situ Liber pater educatus esset, ex inviis rupibus arboribusque decuti carnis quam ipsae inferrent pondere aut plumbatis sagittis; item casiam circa paludes, propugnante unguibus diro vespertilionum genere aligerisque serpentibus, his commentis augentes rerum pretia.

und zu denselben Zeiten Einschnitte, aber von der Wurzel bis zu den Ästen, die kräftig sind. Sie schwitzen jedoch, bevor man die Einschnitte macht, von selbst die sogenannte Tropfmyrrhe, »Stakte« genannt, aus, der keine andere Sorte vorgezogen wird. Auf diese folgt die Myrrhe von angepflanzten Bäumen, und auch von den wild wachsenden ist die im Sommer gewonnene besser. Von der Myrrhe macht man keine Spenden für den Gott, weil sie auch bei anderen Völkern gedeiht, doch dem König der Gebbaniten zahlt man den vierten Teil. Übrigens packt man die vom Volk überall zusammengekaufte Myrrhe in Ledersäcke, und unsere Salbenhändler sortieren sie ohne Schwierigkeit nach der Maßgabe ihres Geruchs und ihres Fettigkeitsgrades.

12,85–98 Duftende Rinden aus Fernost[60]

(85) Über den ZIMT (Cinnamomum zeylanicum *Bl.*) und die Arten der KASSIA (Cinnamomum cassia *Bl.* und verwandte Arten) erzählte das Altertum Fabelhaftes, und zwar namentlich Herodot (3,110 f.): Aus den Nestern von Vögeln und besonders dem des Vogels Phoinix in der Gegend, wo der Vater Dionysos (der Weingott Bacchus) aufgewachsen sei (in Indien), werde der Zimt von Felsen und Bäumen in unwegsamen Gegenden entweder durch das Gewicht von Fleisch, das die Vögel selbst dort hineintrügen, oder durch bleierne Pfeile herabfallen; ebenso die Kassia rings um Sümpfe herum, wo eine grauenvolle Art von Fledermäusen mit ihren Krallen und geflügelte Schlangen sie verteidigten. Durch derartige Erdichtungen treibt man die Preise der Waren in die Höhe.

(86) comitata vero fabula est ad meridiani solis repercussus inenarrabilem quendam universitatis halitum e tota paeninsula exsistere tot generum aurae spirante concentu, Magnique Alexandri classibus Arabiam primum odoribus nuntiatam in altum. omnia falsa, si quidem cinnamomum idemque cinnamum nascitur in Aethiopia Trogodytis conubio permixta.

(87) hi mercantes id a conterminis vehunt per maria vasta ratibus, quas neque gubernacula regant neque remi trahant vel inpellant, non vela, non ratio ulla adiuvet: omnium instar ibi sunt homo tantum et audacia. praeterea hibernum mare exigunt circa brumam, euris tum maxime flantibus.

(88) hi recto cursu per sinus inpellunt, atque a promunturii ambitu argestae deferunt in portum Gebbanitarum qui vocatur Ocilia. quam ob rem illi maxime id petunt, produntque vix quinto anno reverti negotiatores et multos interire. contra revehunt vitrea et aënea, vestes, fibulas cum armillis ac monilibus. ergo negotiatio illa feminarum maxime fide constat.

(89) ipse frutex duum cubitorum altitudine amplissimus

(86) Eine weitere Fabel kommt dazu, dass bei den Rückstrahlungen der mittäglichen Sonne eine unsägliche Ausdünstung sämtlicher Wohlgerüche von der ganzen (arabischen) Halbinsel durch das Zusammenspiel so vieler Arten von Wohlgerüchen entstehe, und so habe sich Arabien den Flotten Alexanders des Großen schon auf hoher See zuerst durch Duftwolken angekündigt. Alles das ist falsch, wenn das Cinnamomum beziehungsweise das Cinnamum[61] wirklich (nicht in Arabien, sondern) in Äthiopien (heute Sudan) wächst,[62] dessen Bewohner sich durch Heirat mit den Troglodyten (im östlichen Nubien) vermischt haben.

(87) Diese kaufen es von ihren Grenznachbarn und transportieren es über weite Meere auf Flößen, die weder durch Steuerruder gelenkt noch durch Ruder gezogen oder angetrieben werden und keine Segel noch irgendeine Navigationshilfe haben: Alles dies ersetzt dort nur der Mensch und seine Tollkühnheit. Zudem stechen sie um die kürzesten Tage in die winterliche See, dann, wenn die Passatwinde aus Südost am heftigsten wehen.

(88) Diese treiben sie geradewegs überall in die Buchten, und nach Umfahrung des Vorgebirges tragen sie die Südwestwinde (mit der Meeresströmung) in den Hafen der Gebbaniten, der Ocilia[63] heißt. Deshalb fahren jene meistens dorthin, und die Händler geben an, dass sie kaum vor dem fünften Jahr zurückkämen und dass viele von ihnen umkämen. Im Austausch dagegen bringen sie gläserne und eherne Gefäße, Kleider, Spangen samt Armbändern und Halsketten mit zurück. Somit beruht dieser Handel vorzüglich auf dem gängigen Geschmack der Frauen.

(89) Der (beschnittene) Zimtstrauch selbst wird höchs-

palmique minimus, quattuor digitorum crassitudinis, statim a terra VI digitis surculosus, arido similis, cum viret, non odoratus, folio origani, siccitate gaudens, sterilior imbre, caeduae naturae. gignitur in planis quidem, sed densissimis in vepribus rubisque, difficilis collectu. metitur non nisi permiserit deus. Iovem hunc intellegunt aliqui, Assabinum illi vocant. XLIIII boum caprarumque et arietum extis impetratur venia caedendi, non tamen ut ante ortum solis aut post occasum liceat. sarmenta hasta dividit sacerdos deoque partem ponit, reliquum mercator in massas condit.

(90) est et alia fama cum Sole dividi ternasque partes fieri, dein sorte gemina discerni quodque Soli cesserit relinqui ac sponte conflagrare.

(91) praecipua bonitas virgultorum tenuissimis partibus ad longitudinem palmi, secunda proximis breviore mensura, atque ita ordine. vilissimum quod radicibus proximum, quoniam ibi minimum corticis, in quo summa gratia, eaque de causa praeferuntur cacumina, ubi plurimus cortex. ip-

tens zwei Ellen (88 cm) und mindestens eine Hand hoch (7,4 cm), vier Finger dick (7,4 cm), lässt schon sechs Finger (11 cm) vom Boden entfernt sogleich Stockausschläge wachsen, sieht aber wie vertrocknet aus. Wenn er grünt, ist er geruchlos, hat ein Blatt wie das Origanum, liebt Trockenheit, wächst bei Regen schlechter, lässt sich dann aber leicht abschneiden. Er wächst zwar auf ebenen Stellen, aber zwischen ganz dichten Dornbüschen und Brombeersträuchern, so dass er schwer zu ernten ist. Man erntet die Zweige nur, wenn es die Gottheit gestattet; diese sehen einige als Jupiter an, die Einheimischen nennen ihn Assabinus. Durch (Opferung der) Eingeweide von 44 Ochsen, Ziegen und Widdern wird die Erlaubnis zum Schneiden erlangt. Es ist jedoch nicht so, dass es vor Aufgang oder nach Untergang der Sonne erlaubt wäre. Die abgeschnittenen Zweige teilt ein Priester mit dem Speer und legt den für die Gottheit bestimmten Teil beiseite, den Rest verpackt der Kaufmann in Bündel.

(90) Es gibt auch einen anderen Bericht: Man teilt die Ernte mit dem Sonnengott und macht drei Teile; dann lässt man zweimal das Los entscheiden, und das, was der Sonne zugefallen ist, wird liegen gelassen und verbrennt von selbst.

(91) Hervorragende Qualität liefern die dünnsten Abschnitte der Zweige von der Länge einer Hand, von zweiter Güte sind die folgenden, aber kürzeren, und so der Reihe nach abwärts. Das schlechteste Stück ist jenes, das sich in der Nähe der Wurzel befindet, weil dort am wenigsten Rinde ist, die man am meisten schätzt, und aus diesem Grund zieht man die Spitzen vor, wo sich die meiste Rinde befindet. Das Holz selbst mag man nicht wegen des schar-

sum vero lignum in fastidio propter origani acrimoniam, xylocinnamomum vocatur. pretium ei in libras ✱ X.

(92) quidam cinnami duo genera tradidere, candidius nigriusque, et quondam praeferebatur candidum, nunc contra nigrum laudatur atque etiam varium praeferunt candido. certissima tamen aestimatio, ne sit scabrum atque ut inter sese tritum tarde frietur; damnatur in primis molle aut cui labet cortex.

(93) ius eius a Gebbanitarum rege solo proficiscitur; is edicto mercatu vendit. pretia quondam fuere in libras denarium milia. auctum id parte dimidia est incensis, ut ferunt, silvis ira barbarorum. id acciderit ob iniquitatem praepotentium an forte, non satis constat. austros ibi tam ardentes flare, ut aestatibus silvas accendant, invenimus apud auctores.

(94) coronas ex cinnamo interrasili auro inclusas primus omnium in templis Capitolii atque Pacis dicavit Imperator Vespasianus Augustus. radicem eius magni ponderis vidimus in Palatii templo, quod fecerat Divo Augusto coniunx Augusta, aureae paterae inpositam, ex qua guttae editae annis omnibus in grana durabantur, donec id delubrum incendio consumptum est.

(95) frutex et casia est iuxtaque cinnami campos nascitur, sed in montibus crassiore sarmento, tenui cute verius

fen Geruchs nach Origanum. Man nennt es »Zimtholz«. Sein Preis beträgt zehn Denare für das Pfund (327 g).

(92) Einige erwähnen zwei Arten Zimt, eine hellere und eine dunklere; einst hat man die helle vorgezogen, jetzt dagegen lobt man die dunkle, zieht sogar eine bräunlich-gelbe[64] der hellen vor. Das sicherste Qualitätsmerkmal ist jedoch, dass er nicht rau ist und dass er beim Aneinanderreiben nur langsam zerbröckelt. Verworfen wird besonders der weiche und der, bei dem die Rinde sich ablöst.

(93) Das Monopol für den Zimt gehört allein dem König der Gebbaniten; dieser verkauft ihn nach Erlass eines Edikts auf dem Markt. Der Preis betrug früher 1000 Denare für das Pfund (327 g); jetzt ist er um die Hälfte gestiegen, da, wie berichtet wird, die Barbaren im Zorn die Wälder angezündet hätten. Ob dies infolge von Unterdrückung durch die Machthaber oder durch Zufall geschah, ist nicht hinreichend bekannt. Die Nachricht, dass dort die Südwinde so glühend heiß wehen, dass sie während der Sommer die Wälder in Brand setzen, fand ich in der Literatur.

(94) Kränze aus Zimtstangen, in getriebenes Gold gefasst, weihte als Erster von allen in den Tempeln auf dem Kapitol und in dem der (Friedensgöttin) Pax Kaiser Vespasianus Augustus (reg. 69–79). Die Wurzel eines Zimtbaums von großem Gewicht sah ich in dem Tempel auf dem Palatin, den (Livia) Augusta ihrem Gatten, dem göttlichen Augustus (reg. 27 v. Chr. – 14 n. Chr.), errichtet hatte, auf einer goldenen Schale liegen. Daraus flossen Jahr für Jahr Tropfen, und sie erhärteten sich zu Körnern, so lange, bis dieser Tempel durch einen Brand zerstört wurde.

(95) Ein Strauch ist auch die KASSIA: Sie wächst neben den Feldern des Zimtbaums, bekommt aber in den Bergen

quam cortice, quem contra atque in cinnamo diximus labare et exinaniri pretium est. amplitudo frutici trium cubitorum, colos triplex: cum primum emicat, candidus pedali mensura, dein rufescit addito semipede, ultra nigricans.

(96) haec pars maxime laudatur ac deinde proxima, damnatur vero candida. consecant surculos longitudine binum digitorum, mox praesuunt recentibus coriis quadripedum ob id interemptarum, ut putrescentibus vermiculi lignum erodant et excavent corticem, tutum amaritudine.

(97) probatur recens maxime et quae sit odoris longissimi gustuque quam minime fervens potiusque lento tepore leniter mordens, colore purpurae, quaeque plurima minimum ponderis faciat, brevi tunicarum fistula atque non fragili. ladam vocant talem barbaro nomine. alia est balsamodes, ab odore simili appellata, sed amara ideoque utilior medicis, sicut nigra unguentis. pretia nulli diversiora, optimae in libras ⋇ L, ceteris ⋇ V.

(98) his adiecere mangones quam Daphnidis vocant, cognominatam isocinnamon, pretiumque ei faciunt ⋇ CCC.

einen dickeren Stängel und eine dünne Haut eher als eine echte Rinde, die im Gegensatz zu dem, was ich beim Zimt gesagt habe, dadurch wertvoll ist, dass sie leicht abgeht und sich abmachen lässt. Der Strauch wird drei Ellen (135 cm) hoch und hat dreierlei Farben: Sobald er aus dem Boden hervorsprießt, ist er einen Fuß (29,6 cm) hoch weiß, dann – einen halben Fuß (ca. 15 cm) weiter – wird er rötlich und darüber dann schwärzlich.

(96) Diesen Teil schätzt man am meisten, dann den nächsten, verworfen aber wird der weiße. Man schneidet die Zweige in zwei Finger (3,7 cm) lange Stücke, näht sie dann in frische Lederhäute vierfüßiger Tiere, die zu diesem Zweck geschlachtet wurden, damit beim Faulen die Würmer das Holz abnagen und die Rinde aushöhlen, die wegen ihres scharfen Geschmacks verschont wird.

(97) Am meisten gilt die frische, die einen sehr weit reichenden Geruch hat, im Geschmack aber möglichst wenig brennend und eher mit nachhaltiger Wärme schwach beißend ist, purpurne Farbe hat und bei größter Masse am wenigsten Gewicht aufweist; sie sollen kurze und nicht zerbrechliche Röhrchen aus Baumbast bilden. »Lada« nennt man eine solche Sorte mit fremdem Namen. Eine andere Sorte ist die »balsamartige«, vom ähnlichen Duft so benannt; sie ist aber bitter und infolgedessen besser für den ärztlichen Gebrauch, wie die schwarze für die (Herstellung von) Salben. Bei keiner anderen Ware gibt es größere Unterschiede im Preis: Von der besten Sorte kostet das Pfund (327 g) 50 Denare, von den übrigen fünf.

(98) Dazu haben Fälscher noch das hinzugefügt, was sie »Zimtlorbeer« nennen, auch »Zimtersatz« geheißen (LORBEERSEIDELBAST, Daphne laureola), und verlangen dafür

adulteratur styrace et propter similitudinem corticum laurus tenuissimis surculis. quin et in nostro orbe seritur, extremoque in margine imperii, qua Rhenus adluit, vidi in alvariis apium satam. color abest ille torridus sole et ob id simul idem odor.

(111) sed omnibus odoribus praefertur balsamum, uni terrarum Iudaeae concessum, quondam in duobus tantum hortis, utroque regio, altero iugerum viginti non amplius, altero pauciorum. ostendere arbusculam hanc urbi Imperatores Vespasiani, clarumque dictu, a Pompeio Magno in triumpho arbores quoque duximus.

(112) servit nunc haec ac tributa pendit cum sua gente, in totum alia natura quam nostri externique prodiderant. quippe viti similior est quam myrto. malleolis seri didicit nuper, vincta ut vitis, et inplet colles vinearum modo. quae

300 Denare. Sie wird mit Storax (hier: Styrax officinalis) und, wegen der Ähnlichkeit der Rinden, mit sehr dünnen Zweigen des Lorbeerbaums (Laurus nobilis) verfälscht. Ja sogar in unseren Ländern wird der Zimtlorbeer gepflanzt, und am äußersten Rand des römischen Reiches, wo der Rhein diesen bespült, habe ich ihn zwischen Bienenstöcke gepflanzt gesehen.[65] Es fehlt ihm aber die durch die Sonne hervorgerufene gebräunte Farbe und somit zugleich der entsprechende Duft.

12,111–123 Die Balsambäume in Judäa

(111) Allen Duftstoffen aber wird der vom BALSAMBAUM (Commiphora gileadensis *[L.] C. Chr.*) vorgezogen, der als einzigem von allen Ländern Judäa vorbehalten ist, ehemals nur in zwei Gärten, beide in königlichem Besitz: der eine nicht größer als 20 Joch (5 ha), der andere kleiner.[66] Es zeigten dieses Bäumchen der Stadt Rom die beiden Kaiser Vespasian (Vespasian, reg. 69–79, und Titus, reg. 69–71), und rühmend ist zu erwähnen, dass wir seit Pompeius dem Großen auch Bäume im Triumph mitgeführt haben (61 v. Chr., Ebenholz, 12,20*).

(112) Jetzt leistet er (der Balsambaum) uns Dienste und liefert samt seinem Volk Abgaben. Im Ganzen hat er aber eine andere Beschaffenheit, als es unsere und fremde Schriftsteller beschrieben haben. Denn er sieht einem Weinstock ähnlicher als einer Myrte. Durch Stecklinge sich vermehren zu lassen, hat er vor Kurzem gelernt, abgebunden wie ein Weinstock, und er bedeckt die Hügel völlig nach Art von Weinbergen. Ohne Stützpfähle hält er sich

sine adminiculis se ipsa sustinet, tondetur similiter fruticans ac rastris nitescit properatque nasci, intra tertium annum fructifera. folium proximum tuburi, perpetua coma.

(113) saeviere in eam Iudaei sicut in vitam quoque suam; contra defendere Romani, et dimicatum pro frutice est; seritque nunc eum fiscus, nec umquam fuit numerosior. proceritas intra bina cubita subsistit.

(114) arbori tria genera: tenue et capillacea coma quod vocatur eutheriston; alterum scabro aspectu, incurvum, fruticosum, odoratius; hoc trachy appellant, tertium eumeces, quia est reliquis procerius, levi cortice. huic secunda bonitas, novissima eutheristo.

(115) semen eius vino proximum gustu, colore rufum, nec sine pingui. peius in grano quod levius atque viridius. ramus crassior quam myrto. inciditur vitro, lapide osseisve cultellis; ferro laedi vitalia odit: emoritur protinus, eodem amputari supervacua patiens. incidentis manus libratur artifici temperamento, ne quid ultra corticem violet.

(116) sucus e plaga manat quem opobalsamum vocant, suavitatis eximiae. sed tenui gutta ploratu: lanis parva colligitur in cornua, ex iis novo fictili conditur, crassiori similis

selbst aufrecht, wird ähnlich zu einem Busch beschnitten, gedeiht durch Behacken, wächst schnell und bringt im dritten Jahr Früchte. Sein Blatt gleicht am meisten dem der Raute (Ruta graveolens)[67]; sein Laub ist immergrün.

(113) Die Judäer haben gegen diesen Baum gewütet[68] wie auch gegen ihr eigenes Dasein; dagegen nahmen die Römer ihn in Schutz, und so kämpfte man um einen Strauch. Und jetzt wird er auf Staatskosten gepflanzt, und nie gab es ihn häufiger. Seine Höhe erreicht nicht ganz zwei Ellen (88 cm).[69]

(114) Von diesem Baum gibt es drei Sorten: eine mit zartem und dichtem Laub, die »Leichtschneidbare« genannt; die zweite von rauem Aussehen, gekrümmt, strauchartig und wohlriechender, die man die »Raue« nennt; eine dritte nennt man die »Gestreckte«, weil sie höher als die übrigen wächst, mit einer glatten Rinde. Ihre Güte hat den zweiten Rang, den letzten die Leichtschneidbare.

(115) Ihr Same kommt dem Wein am nächsten im Geschmack, hat eine rötliche Farbe und ist nicht ohne Fett. Schlechter ist er in den Kernen, die glatter und grüner sind. Der Zweig ist dicker als der einer Myrte. Angeritzt wird er mit Glas, Stein oder Messern aus Knochen. Mit einem Eisen seine lebenswichtigen Teile zu verletzen, hasst er: Er stirbt dann sofort ab, während er das Abschneiden von Überflüssigem mit Eisen gut verträgt. Wer die Einschnitte macht, führt locker seine Hand mit meisterlichem Geschick, um nichts weiter als die Rinde zu verletzten.

(116) Der Saft, den man »Flüssigbalsam« nennt, fließt aus der Wunde und riecht außerordentlich lieblich. Die Tropfen fallen aber in zarten Tränen: Mithilfe von Wollknäueln fängt man sie in kleinen Hörnchen auf. Aus diesen sammelt

oleo et in musto candida; rufescit deinde simulque durescit e tralucido.

(117) Alexandro Magno res ibi gerente toto die aestivo unam concham impleri iustum erat, omni vero fecunditate e maiore horto congios senos, e minore singulos, cum et duplo rependebatur argento, nunc etiam singularum arborum largior vena. ter omnibus percutitur aestatibus, postea deputatur.

(118) et sarmenta quoque in merce sunt. $\overline{\text{DCCC}}$ HS amputatio ipsa surculusque veniere intra quintum devictae Iudaeae annum; xylobalsamum vocatur et coquitur in unguentis. pro suco ipso substituere officinae. corticis etiam ad medicamenta pretium est. praecipua autem gratia lacrimae, secunda semini, tertia cortici, minima ligno.

(119) ex hoc buxosum optimum, quod et odoratissimum, e semine autem maximum et ponderosissimum, mordens gustu fervensque in ore. adulteratur Petraeo hyperico, quod coarguitur magnitudine, inanitate, longitudine, odoris ignavia, sapore piperis.

(120) lacrimae probatio ut sit e pingui tenuis ac modice rufa et in fricando odorata. secundus candidi coloris, peior

man sie in einem neuen Tongefäß, einem ziemlich dicken Öl ähnlich und im frischen Zustand weiß. Danach wird die Flüssigkeit rötlich, wird gleichzeitig hart und verliert ihre Durchsichtigkeit.

(117) Als Alexander der Große dort Krieg führte (333/332 v. Chr.), konnte man an einem ganzen Sommertag nur eine einzige Muschel füllen; die volle Ernte aus dem größeren Garten betrug sechs (fast 20 l), aus dem kleineren einen Congius (3,28 l), und sie wurde gar mit dem doppelten Silbergewicht bezahlt. Jetzt ist der Ertrag selbst einzelner Bäume größer. Dreimal werden sie in jedem Sommer angeritzt, dann beschnitten.

(118) Auch die Zweige sind im Handel. 800 000 Sesterzen trugen Schnitt und Reiser allein innerhalb von fünf Jahren nach der Eroberung Judäas ein. Es wird »Holzbalsam« genannt und für (die Herstellung von) Salben gekocht; die Apotheken nehmen ihn anstelle des Saftes selbst. Auch die Rinde ist für Arzneien von Wert. Am meisten freilich schätzt man den Saft, an zweiter Stelle den Samen, an dritter die Rinde, am wenigsten das Holz.

(119) Von diesem ist das buchsartige das beste, weil es auch das wohlriechendste ist. Der beste Samen aber ist der, der am größten und schwersten ist, der einen beißenden Geschmack hat und im Mund brennt. Verfälscht wird er mit Johanniskraut aus Petra in Arabien (Hypericum revolutum *L.*), das an der Größe, Schlaffheit, Länge, an der Schwäche des Geruchs und am Geschmack nach Pfeffer als Betrug erkannt wird.

(120) Echtheitsbeweis des Balsamsaftes ist, dass er aufgrund seines Fettgehalts zart ist sowie leicht rot, und beim Reiben duftet. Der nächstbeste ist von weißer Farbe,

viridis crassusque, pessimus niger, quippe ut oleum senescit. ex omni incisura maxime probatur quod ante semen fluxit. et alias adulteratur seminis suco, vixque maleficium deprehenditur gustu amariore; esse enim debet lenis, non subacidus, odore tantum austerus.

(121) vitiatur et oleo rosae, cypri, lentisci, balani, terebinthi, myrti, resina, galbano, cera Cypria, prout quaeque res fuit, nequissime autem cummi: quoniam arescit, in manu inversa et in aqua sidit, quae probatio eius gemina est.

(122) debet sincerum inarescere, sed hoc cummi addita fragili crusta evenit. et gustu deprehenditur, carbone vero quod cera resinaque adulteratum est, nigriore flamma. nam melle mutatum statim in manu contrahit muscas.

(123) praeterea sinceri densatur in tepida aqua gutta sidens ad ima vasa, adulterata olei modo innatat et, si metopio vitiata est, circulo candido cingitur. summa est probatio

schlechter der grüne und der dickflüssige, am schlechtesten der schwarze, denn er wird im Alter ranzig wie Öl. Von jedem Einschnitt wird am meisten derjenige (Balsam) geschätzt, der vor der Samenreife ausgeflossen ist. Auch wird er sonst noch mit dem Saft des Samens verfälscht, und den Betrug erkennt man nur mit Mühe an dem herberen Geschmack. Dieser muss nämlich mild, nicht säuerlich, sondern nur dem Geruch nach scharf sein.

(121) Verfälscht wird er auch mit dem Öl aus Rosen (Rosa gallica; R. moschata), Henna (Lawsonia inermis), Mastix (Pistacia lentiscus), aus den Früchten des Behennussbaums (Moringa peregrina *[Forsk.] Fiori*)[70], der Terebinthe (Pistacia terebinthus), der Myrte (Myrtus communis), mit Harz, Galbanum (Ferula galbaniflua *Boiss. et Buhse*) und zyprischem Wachs, was eben gerade zur Verfügung steht. Am schlimmsten aber ist die Verfälschung mit Gummi arabicum, da dieses ja an der inneren Hand antrocknet und im Wasser sinkt, was beides für die Prüfung seiner Echtheit dient.

(122) Der echte (Balsam) muss eintrocknen, aber das erfolgt nach dem Zusatz von Gummi mit einer leicht zerbrechlichen Kruste. Auch am Geschmack erkennt man die Zumischung, auf Kohlen aber das, was mit Wachs und Harz verfälscht ist, und zwar an der dunkleren Flamme. Der mit Honig veränderte (Balsam) lockt ja, wenn man ihn in der Hand hält, sofort Fliegen an.

(123) Außerdem zieht sich ein Tropfen des echten (Balsams) in lauwarmem Wasser zusammen und setzt sich auf den Boden des Gefäßes, der verfälschte aber schwimmt wie Öl, und der mit Steckenkraut (Ferula marmarica *L.*) versetzte umgibt sich mit einem weißen Ring. Der sicherste

ut lac coagulet, in veste maculas non faciat. nec manifestior alibi fraus, quippe milibus denarium sextarii, empti vendente fisco trecenis denariis, veneunt: in tantum expedit augere liquorem. xylobalsamo pretium in libras 𐆖 VI.

13 (26) cetero terrarum omnium Aegyptus accommodatissima unguentis, ab ea Campania est copia rosae. Iudaea vero incluta est vel magis palmis, quarum natura nunc dicetur. sunt quidem et in Europa vulgoque Italia, sed steriles. ferunt in maritimis Hispaniae fructum, verum inmitem; dulcem in Africa, sed statim evanescentem.

(27) contra in Oriente ex iis vina gentiumque aliquis panis, plurimis vero etiam quadrupedum cibus; quam ob rem iure dicentur externae. nulla est in Italia sponte genita nec in alia parte terrarum nisi in calida, frugifera vero nusquam nisi in fervida.

(28) gignitur levi sabulosaque terra, maiore in parte et nitrosa. gaudet riguis totoque anno bibere, cum amet sitien-

Beweis für seine Echtheit ist, dass er Milch zum Gerinnen bringt und auf Kleidern keine Flecken macht. Nirgends ist Betrug so offenkundig, da ja der von der Staatskasse für 300 Denare gekaufte Sextarius (0,546 l) für 1000 Denare weiterverkauft wird. Solchen Gewinn bringt es, den Saft zu strecken. Vom Holzbalsam kostet das Pfund (327 g) sechs Denare.

13,26–40 *Die Dattelpalme und ihr Liebesleben*[71]

(26) Im Übrigen ist unter allen Ländern Ägypten am geeignetsten für (die Herstellung wohlriechender) Salböle. Danach kommt Kampanien durch den Reichtum an Rosen. Judäa aber ist sogar noch mehr berühmt durch die DATTELPALMEN (Phoenix dactylifera *L.*), von deren Natur jetzt die Rede sein soll. Es gibt sie zwar auch in Europa und verbreitet in Italien, aber sie sind unfruchtbar.[72] Sie (die echten Dattelpalmen) tragen an den Mittelmeerküsten in Spanien Früchte, aber nur herb schmeckende,[73] süße in Afrika, doch die halten sich nicht lange.

(27) Dagegen macht man im Orient aus ihnen Wein und bei einigen Völkern Brot, bei den meisten aber auch Futter für das vierfüßige Vieh. Daher wird man sie mit Recht »ausländisch« nennen. Keine Palme ist in Italien spontan gewachsen, noch in einem anderen Teil der Erde, wenn es dort nicht warm ist. Früchte aber trägt sie nirgends außer dort, wo es heiß ist.

(28) Die Dattelpalme wächst auf leichtem, sandigem, zum großen Teil auch salzhaltigem Boden. Sie freut sich über Bewässerung und mag gern das ganze Jahr über trin-

tia. fimo quidam etiam laedi putant, Assyriorum pars aliqua, si non rivis misceatur. genera earum plura, et prima fruticem non excedentia sterilem hunc – aliubi et ipsum fertilem – brevisque rami, orbe foliosum. tectorii vicem hic parietibus plerisque in locis praestat contra aspergines.

(29) est et procerioribus silva arbore ex ipsa foliorum aculeo fruticante circa totas pectinatim. quas silvestres intellegi necesse est, incerta tamen libidine etiam mitioribus se miscent. reliquae, teretes atque procerae, densis gradatisque corticum pollicibus aut orbibus faciles ad scandendum Orientis se populis praebent, vitilem sibi arborique indutis circulum mira pernicitate cum homine subeuntem.

(30) coma omnis in cacumine et pomum est, non inter folia hoc, ut in ceteris, sed suis inter ramos palmitibus racemosum, utraque natura uvae atque pomi. folia, cultrato mucrone lateribus in sese bifida, tabellas primum demonstravere geminas, nunc ad funes vitiliumque nexus et capitum levia umbracula finduntur.

ken, zumal sie Wüstenoasen liebt. Einige glauben, dass sie durch Mist Schaden nehme, ein Teil der Bewohner von Assyrien (aber glaubt, das geschehe nur dann), wenn er nicht mit frischem Wasser vermischt werde. Arten von Palmen gibt es mehrere,[74] und zwar werden die zuerst zu nennenden nicht höher als ein Strauch; dieser ist unfruchtbar, hier und da auch fruchtbar und auf einem kurzen Stamm kreisförmig reich belaubt (Zwergpalme, Chamaerops humilis *L.*). Anstelle eines Wandbelags dient in sehr vielen Gegenden das Fächerblatt als Schutz gegen Nässe.[75]

(29) Es gibt auch Wald aus höher gewachsenen Palmen;[76] direkt aus dem Stamm treiben sie buschartig bedornte Blattstiele ganz ringsum kammartig hervor. Diese muss man als wild ansehen, doch mischen sie sich aus einem ungewissen Trieb auch mit zahmeren Sorten.[77] Die übrigen, schlank und hochgewachsen, bieten sich durch die dicht und stufenweise übereinandersitzenden Vorsprünge oder Ringwülste der Rinde den Völkern des Orients an, sie mühelos zu besteigen: Man umschließt sich und den Baum mit einem Ring aus Flechtwerk, der in erstaunlicher Schnelligkeit zusammen mit dem Kletternden hinaufgeht.

(30) Die gesamte Laubkrone befindet sich am Wipfel wie auch die Früchte. Diese hängen nicht verstreut zwischen den Blättern wie bei anderen Bäumen, sondern in Trauben zwischen den Palmwedeln an eigenen Stielen und haben beide Eigenschaften, die einer Traube und die einer Baumfrucht. Die Fiederblättchen sind messerartig zugespitzt und an den Seiten zweigeteilt und machten im natürlichen Zustand den Eindruck von zweiteiligen Schreibtäfelchen. Heutzutage zerschneidet man sie für die Fabrikation von Seilen, Flechtwerk und leichten Sonnenhüten.

(31) arboribus, immo potius omnibus quae terra gignat herbisque etiam, utrumque esse sexum diligentissimi naturae tradunt, quod in plenum satis sit dixisse hoc in loco, nullis tamen arboribus manifestius. mas palmite floret, femina citra florem germinat tantum spicae modo. utrisque autem prima nascitur pomi caro, postea lignum intus, hoc est semen eius. argumentum quod parvae sine hoc reperiuntur in eodem palmite.

(32) est autem oblongum, non ut olivis orbiculatum, praeterea caesum a dorso pulvinata fissura et in alvo media plerisque umbilicatum. inde primum spargitur radix. seritur autem pronum et bina iuxta composita semina superque totidem; quoniam infirma e singulis planta est, quaternae coalescunt.

(33) multis candidisque lignum hoc a carnibus discernitur tunicis, aliis corpori adhaerentibus, laxisque distans tantum cacuminis filo adhaeret. caro maturescit anno. quibusdam tamen in locis, ut in Cypro, quamquam ad maturitatem non perveniat, grato sapore dulcis est. folium ibi latius, fructus quam reliquis rotundior nec ut devoretur corpus, verum ut expuatur suco modo expresso.

(34) et in Arabia languide dulces traduntur esse palmae,

(31) Dass es bei den Bäumen oder vielmehr bei allem, was die Erde hervorbringt, und sogar bei den Kräutern zwei Geschlechter gibt, berichten die kundigsten Naturforscher: Darauf an dieser Stelle nur allgemein hingewiesen zu haben möge genügen. Doch bei keinen anderen Bäumen ist dies deutlicher (als bei den Dattelpalmen). Die männliche Palme hat Blüten an Zweigen, die weibliche bringt keine Blüten, sondern nur ährenartige Rispen hervor. An beiden aber wächst zuerst das Fruchtfleisch, später im Inneren der holzige Kern: Das ist sein Samen. Der Beweis dafür ist, dass man an demselben Zweig kleine Früchte ohne Kern findet.

(32) Er (der Dattelkern) aber ist länglich und nicht rundlich wie in den Oliven. Außerdem ist er auf dem Rücken durch eine wulstige Furche eingeschnitten und mitten auf dem Bauch in der Regel mit einem Nabel[78] versehen. Von dort breitet sich die junge Wurzel aus. Der Kern aber wird schräg ausgesät, und zwar werden je zwei Samen nebeneinandergelegt und ebenso viele oben darauf, weil die aus einem einzigen Kern gezogene Pflanze schwach ist, während alle vier miteinander verwachsen.

(33) Durch viele weiße Häutchen wird dieser hölzerne Kern vom Fruchtfleisch getrennt, während andere am Körper hängen, und er hängt daran nur lose in einigem Abstand mit einer Faser an seiner Spitze. Das Fleisch reift im Laufe eines Jahres. An einigen Orten jedoch, wie in Zypern, hat dieses, obwohl es nicht zur Reife gelangt, doch einen angenehmen süßen Geschmack. Das Blatt ist dort breiter, die Frucht runder als bei den anderen. Man isst auch nicht das Fruchtfleisch, sondern lutscht nur den Saft heraus und spuckt es aus.

(34) Auch in Arabien sollen die Datteln nur schwach süß

quamquam Iuba apud Scenitas Arabas praefert omnibus saporibus quam vocant dablan. cetero sine maribus non gignere feminas sponte edito nemore confirmant circaque singulos plures nutare in eum pronas blandioribus comis.

(35) illum erectis hispidum adflatu visuque ipso et pulvere etiam reliquas maritare; huius arbore excisa viduvio sterilescere feminas. adeoque est veneris intellectus, ut coitus etiam excogitatus sit ab homine, e maribus flore ac lanugine, interim vero tantum pulvere, insperso feminis.

(36) seruntur autem palmae et trunco duum cubitorum longitudine, a cerebro ipso arboris fissuris diviso atque defosso. et ab radice avulsae vitalis est satus et ramorum tenerrimis. in Assyria ipsa quoque arbor strata in solo umido tota radicatur, sed in frutices, non in arborem.

(37) ergo plantaria instituunt anniculasque transferunt et iterum bimas. gaudent enim mutatione sedis, verna alibi, in Assyria autem circa canis ortus. nec ferro attingunt ibi no-

sein, obgleich Juba die bei den Beduinen wachsenden, die sie »Dabla« nennen,[79] allen anderen wegen ihres Geschmackes vorzieht. Übrigens versichert man, dass in einem von selbst gewachsenen Wald ohne männliche Bäume die weiblichen nicht tragen und mehrere von diesen mit ihren schmeichelnden Laubbüscheln sich dem einzelnen männlichen ringsum schräg entgegenneigen.

(35) Dieser richte die seinigen starr empor und schwängere[80] sogar durch seinen bloßen Anhauch sowie durch seinen Blick und seinen Staub alle anderen. Wenn man einen derartigen Baum fälle, würden die verwitweten weiblichen Bäume unfruchtbar. Auch geht die Einsicht in den Sexualtrieb so weit, dass sogar eine künstliche Befruchtung vom Menschen ausgedacht wurde, indem man Blüte und Flaum oder zuweilen sogar nur Staub von männlichen auf die weiblichen Bäume streut.

(36) Man pflanzt aber die Palmen teils dadurch fort, dass man ein zwei Ellen (88 cm) langes Stück aus dem unmittelbaren Bereich des Hirns des Baumes unter Einritzungen abschneidet und in die Erde setzt; teils ergibt ein von der Wurzel abgetrennter Schössling und ein Steckling von sehr zarten Blattstielen eine lebensfähige Pflanzung. Im Zweistromland treibt selbst auch der Baumstamm, wenn er auf feuchtem Boden liegt, in seiner ganzen Länge Wurzeln, wächst dann aber nur zu Gebüsch heran, nicht zu einem Baum.

(37) Daher legt man Baumschulen an und versetzt die Bäume, wenn sie ein Jahr alt sind, und abermals mit zwei Jahren. Sie lieben nämlich die Veränderung des Standortes, die anderswo im Frühling, in Assyrien aber um die Zeit des Aufgangs des Hundssterns (im frühen Herbst) geschieht.

vellas, sed religant comas, ut in altitudinem exeant. robustas deputant crassitudinis gratia, semipedales ramorum truncos relinquentes, qui decisi alibi necant matrem.

(38) diximus salsum ab his solum diligi. ergo, ubi non est tale, salem aspergunt, non radicibus, sed longius paulo. quaedam in Syria et Aegypto in binos se dividunt truncos, in Creta et in ternos, quaedamque et quinos. ferunt statim in trimatu, in Cypro vero, Syria, Aegypto quadrimae, aliae quinquennes, altitudine hominis, nullo intus pomi ligno quamdiu sunt novellae, ob id spadonum accepto nomine.

(39) genera earum multa. sterilibus ad materias operumque lautiora utitur Assyria et tota Persis. sunt et caeduae palmarum quoque silvae, rursus germinantes ab radice succisae. dulcis medulla earum in cacumine, quod cerebrum appellant, exemptaque vivunt, quod non aliae. vocantur autem chamaeropes, folio latiore ac molli ad vitilia utilissimae, copiosae in Creta, sed magis in Sicilia. e palmis prunae vivaces ignisque lentus.

(40) fructiferarum aliis brevius lignum in pomo, aliis lon-

Die jungen Pflanzen schneidet man dort nicht mit Eisengeräten, sondern bindet die Blattwedel zusammen, damit die Jungpflanzen in die Höhe wachsen. Sind sie stark geworden, beschneidet man sie, um sie dicker werden zu lassen, lässt aber die Blattstiele in der Länge von einem halben Fuß (14,8 cm) stehen, was sonst, wenn man sie abschneidet, den Mutterstamm töten würde.

(38) Wir haben schon erwähnt (13,28*), dass die Palmen einen salzhaltigen Boden lieben. Wo es einen solchen nicht gibt, streut man daher Salz, aber nicht an die Wurzeln, sondern etwas weiter entfernt. Einige Dattelpalmen teilen sich in Syrien und Ägypten (an der Wurzel) in zwei Stämme, auf Kreta sogar in drei, und einige sogar in fünf.[81] Sie tragen sogleich im dritten Jahr, auf Zypern aber, in Syrien und Ägypten im vierten, andere erst im fünften, in der Größe eines Mannes. Solange sie jung sind, haben sie innen keinen Fruchtkern, weshalb man sie »Eunuchen« nennt.[82]

(39) Die Sorten der Palmen sind zahlreich. Die nicht Früchte tragenden (männlichen) verwendet man in Assyrien und ganz Persien zu Bauholz und feineren Arbeiten. Es gibt auch Wälder von Palmen zum Fällen, die, wenn sie unten abgeschnitten wurden, an der Wurzel wieder ausschlagen. Angenehm schmeckt ihr Mark im Wipfel, das man »Gehirn« nennt. Wenn man es entfernt, leben sie weiter, was bei anderen aber nicht der Fall ist.[83] Zwergpalmen (Chamaerops humilis) aber heißen die mit einem breiteren und weichen Blatt, und sie eignen sich am besten für Flechtwerk. Sie sind zahlreich in Kreta, aber mehr noch in Sizilien.[84] Aus Palmenholz wird eine lebhaft glühende Kohle hergestellt, deren Feuer nur langsam verbrennt.

(40) Von den fruchttragenden (weiblichen) Palmen ha-

gius, his mollius, illis durius, quibusdam osseum, limarum dente contra fascinantes religione politum. aliud pluribus vestitum paucioribusve tunicis, aliud crassioribus tenuioribusve. ita fiunt undequinquaginta genera, si quis omnium persequi velit nomina, etiam barbara, vinorumque ex iis differentias.

⟨5 (14) Suetonius Paulinus, quem consulem vidimus, primus Romanorum ducum transgressus quoque Atlantem aliquot milium spatio, prodidit de excelsitate quidem eius quae ceteri: imas radices densis altisque repletas silvis incognito genere arborum, proceritatem spectabilem esse enodi nitore, frondes cupressi similes praeterquam gravitate odoris, tenui eas obduci lanugine, quibus addita arte posse quales e bombyce vestes confici. verticem altis etiam aestate operiri nivibus.⟩

ben einige einen kürzeren Stein in der Dattel, andere einen längeren, diese einen weicheren, jene einen härteren; bei manchen ist er knochenhart und wird aus Aberglauben mit dem Zahn von Feilen zum Schutz gegen Zauberei poliert. Der Kern ist manchmal mit mehreren oder mit wenigen, manchmal mit dickeren oder mit dünneren Häuten bedeckt. So erhalten wir 49 Kultursorten, wenn man alle ihre Namen, auch die fremden, anführen wollte, und die unterschiedlichen Weine, die man aus ihnen herstellt.[85]

13,91–103 Das kostbare Zitrusholz der Gliederzypresse aus Mauretanien[86]

⟨(5,14) Suetonius Paulinus, dem ich als Konsul begegnet bin, überquerte (41/42 n. Chr.) als erster römischer Feldherr auch den Atlas (im heutigen Marokko) auf einer Strecke von etlichen Meilen und berichtete von seiner Höhe dasselbe wie die übrigen Autoren: Der Fuß sei unten mit undurchdringlichen Hochwäldern von einer unbekannten Art von Bäumen dicht bestanden (GLIEDERZYPRESSEN, ZITRUSHOLZBÄUME, SANDARAKBÄUME oder BERBERTHUYA aus der Familie der Zypressengewächse, Tetraclinis articulata *[Vahl] Masters*, syn. Callitris quadrivalvis *Vent.*). Ihr eleganter Wuchs sei durch Glätte des entasteten Stamms[87] schön anzusehen, die Schuppenblätter seien denen der Zypresse ähnlich, mit Ausnahme eines starken Duftes (nach Zitronen). Sie würden mit einer zarten Wolle überzogen, aus der mit künstlerischer Bearbeitung Kleider wie aus Seide gefertigt werden könnten.[88] Der Gipfel sei auch im Sommer von hohem Schnee bedeckt.[89]⟩

(91) Atlans mons peculiari proditur silva, de qua diximus. confines ei Mauri, quibus plurima arbor citri et mensarum insania, quas feminae viris contra margaritas regerunt.

(92) exstat hodie M. Ciceroni in illa paupertate et, quod magis mirum est, illo aevo empta HS $\overline{\text{D}}$. memoratur et Galli Asini HS $|\overline{\text{X}}|$. venumdatae sunt et duae ab Iuba rege pendentes, quarum alteri pretium fuit HS $|\overline{\text{XII}}|$, alteri paulo minus. interiit nuper incendio a Cethegis descendens, HS $|\overline{\text{XIIII}}|$ permutata, latifundii taxatione, si quis praedia tanti mercari malit.

(93) magnitudo amplissimis adhuc fuit uni commissae ex orbibus dimidiatis duobus a rege Mauretaniae Ptolemaeo quattuor pedes et semipedem per medium ambitum, crassitudine quadrantali – maiusque miraculum in ea est artis latente iunctura quam potuisset esse naturae –, solidae autem a Nomio Caesaris liberto cognomen trahenti tribus sicilicis infra quattuor pedes totidemque infra pedem crassitudinis.

(91) Das Atlasgebirge ist durch einen eigenartigen Wald bekannt, über den ich schon gesprochen habe (5,14 f.*). Ihm benachbart wohnen die Mauren, wo sich der Zitrusbaum sehr häufig findet – und auch der extravagante Luxus der Tischmöbel, den die Frauen ihren Männern ebenso zum Vorwurf machen, wie diese ihnen die Perlen.

(92) Es gibt heute noch einen solchen Tisch, der von Marcus Cicero (106–43 v. Chr.) bei seinem kärglichen Vermögen und, was noch verwunderlicher ist, in jener Zeit für 500 000 Sesterzen gekauft wurde. Man erwähnt auch einen von Asinius Gallus (40 v. Chr. – 33 n. Chr.) für eine Million Sesterzen. Versteigert wurden auch zwei Tische aus dem Nachlass des Königs Juba (II. von Mauretanien, 25 v. Chr. – 23 n. Chr.), von denen der eine 1,2 Millionen Sesterzen einbrachte, der andere etwas weniger. Neulich wurde durch Feuer ein Tisch aus dem Vermögen der Familie der Cetheger vernichtet, der für 1,3 Millionen Sesterzen verkauft worden war, also zu dem Wert eines großen Landgutes, wenn jemand lieber Grundbesitz so teuer erwerben wollte.

(93) Was die Größe betrifft, so war unter den breitesten bisher einer, den König Ptolemaios von Mauretanien (er starb 40 n. Chr.) aus zwei halbkreisförmigen Platten zusammenfügen ließ mit viereinhalb Fuß (135 cm) im Durchmesser und einer Dicke von einem Viertelfuß (7,5 cm). Größere Bewunderung daran verdient die Kunstfertigkeit, mit der man die Fuge verdeckt hat, schöner, als die Natur es hätte machen können. Aus einem einzigen Stück aber war der Tisch, der von Nomius, einem Freigelassenen des Kaisers (Tiberius, reg. 14–37), seinen Namen erhielt und der drei Viertelzoll kleiner als vier Fuß (118 cm) und ebenso viel weniger als ein Fuß in der Dicke war (28 cm).

(94) qua in re non omittendum videtur Tiberio principi mensam quattuor pedes sextante et sicilico excedentem, tota vero crassitudine sescunciali, operimento lamnae vestitam fuisse, cum tam opima Nomio liberto eius esset.

(95) tuber hoc est radicis, maximeque laudatum quod sub terra totum fuerit, et rarius quam quae superne gignuntur etiam in ramis, proprieque quod tanti emitur arborum vitium est, quarum amplitudo ac radices aestimari possunt ex orbibus. sunt autem cupresso feminae atque etiamnum silvestri similes folio, odore, caudice. Ancorarius mons vocatur citerioris Mauretaniae, qui laudatissimum dedit citrum, iam exhaustus.

(96) mensis praecipua dos in venam crispis vel in vertices parvos. illud oblongo evenit discursu ideoque tigrinum appellatur, hoc intorto et ideo tales pantherinae vocantur. sunt et undatim crispae, maiore gratia, si pavonum caudae oculos imitentur.

(97) magna, verum post has, gratia extra praedictas cri-

(94) Bei diesem Thema scheint nicht unerwähnt gelassen werden zu dürfen, dass der Kaiser Tiberius einen Tisch besaß, der ein Sechstel und ein Viertel Zoll mehr als vier Fuß breit (121 cm), überall aber nur anderthalb Zoll (3,7 cm) dick war und der mit einer Schicht Furnier verkleidet war, während sein Freigelassener Nomius einen so wertvollen (aus Massivholz) besaß.

(95) Ein knorriger Auswuchs an Wurzel und Stamm[90] liefert das Holz der Tischplatten, und am meisten schätzt man denjenigen Auswuchs, der ganz unter der Erde wächst und seltener ist als die Knorren, die sich oberirdisch sogar an den Zweigen entwickeln. Und eigentlich ist das, was so teuer gekauft wird, ein Fehler an den Bäumen, deren Stammumfang und Wurzeldicke man jeweils aus dem Kreisumfang der Tische[91] abschätzen kann. Sie sind übrigens der Säulenzypresse (Cupressus sempervirens *L. var. sempervirens*) und außerdem noch der wilden Zypresse (*var. horizontalis*) ähnlich an Blatt, Duft und Stamm. Ancorarius heißt der Berg im diesseitigen Mauretanien (heute Dschebel Ouarsenis in Nordalgerien), der das begehrteste Zitrusholz lieferte: Jetzt ist er abgeholzt.[92]

(96) Vorzügliche Qualität haben die Tische, die in Form von gekräuselten Adern oder in Form von kleinen Wirbeln gemasert sind. Jenes geschieht in länglichen Streifen, und deshalb heißen solche Tische »getigert«, dieses durch in sich gedrehten Verlauf, und deswegen nennt man solche »leopardenartig«. Es gibt auch wellenförmig gekräuselte (Tischplatten), die noch beliebter sind, wenn sie den Augen eines Pfauenschwanzes ähneln.

(97) Nächst diesen aber erfreuen sich außer den schon genannten großer Beliebtheit diejenigen, die gleichsam mit

spis densa veluti grani congerie, quas ob id a similitudine apiatas vocant. summa vero omnium in colore: hic maxime mulsi placet, vinis suis refulgens. post haec amplitudo est: iam toti caudices iuvant, pluresque in una.

(98) mensae vitia: lignum (ita vocatur materiae surda et indigesta simplicitas aut platani foliorum modo digesta), item ilignae venae similitudo vel coloris et, quibus maxime obnoxias fecere aestus ventique, rimae aut capillamenta rimas imitata; postea murena nigro transcurrens limite varisque corticum punctis adprehensus papaverum modo et in totum atro propior colos maculaeve discolores.

(99) virides terra condunt barbari et inlinunt cera, artifices vero frumenti acervis inponunt septenis diebus totidem intermissis, mirumque ponderi quantum ita detrahatur. naufragia docuere nuper hanc quoque materiem siccatam mari, duritie incorrupta, cospissari non ullo modo vehementius. nutriuntur optime splendescuntque manus

einer dichten Ansammlung von Körnern gefleckt sind, die man deswegen aufgrund der Ähnlichkeit »getüpfelt« nennt.[93] Die größte Beliebtheit beruht bei allen auf der Farbe: Hier gefällt am meisten die (rötliche) Farbe des Honigweins, die sich in den servierten Weinen widerspiegelt.[94] Danach ihr Umfang: Man erfreut sich schon an ganzen Stämmen, auch an mehreren in einem einzigen Tisch.

(98) Fehler eines Tisches sind: Wenn er lediglich »Holz« ist – so sagt man bei einer nicht ansprechenden und strukturlosen Einförmigkeit des Materials – oder wenn die Maserung nach Art von Platanenblättern zerschlitzt ist;[95] ebenso, wenn eine Ähnlichkeit besteht mit dem Geäder und der Farbe des Holzes einer Steineiche; auch wenn er (der Tisch) Risse hat oder Rissen ähnelnde Fasern, für die sie Hitze und Winde am meisten anfällig machen; dann, wenn eine muränenartige Ader mit einem dunklen Streifen hindurchläuft, und wenn er eine von verschiedenen Rindenflecken in der Art von (angeritzten) Mohnköpfen angegriffene und im Ganzen schwärzliche Farbe hat oder die Flecken andersfarbig sind.

(99) Die noch frischen Stämme vergraben die Berber in der Erde und bestreichen sie mit Wachs. Die Kunsttischler hingegen legen sie auf Getreidehaufen sieben Tage lang und abwechselnd ebenso lang ins Freie, und es ist erstaunlich, wie viel an Gewicht auf diese Weise verloren geht. Schiffbrüche haben vor Kurzem gezeigt, dass auch dieses Holz im Meerwasser austrocknet und seine Härte unzerstörbar wird: Auf gar keine andere Weise kann es stärker verdichtet werden. Die Tische werden am besten gepflegt und bekommen den besten Glanz durch Reiben mit der trockenen Hand unmittelbar nach dem Bad. Und nicht werden sie von

siccae fricatu a balineis maxime, nec vinis laeduntur ut his genitae.

(100) inter pauca nitidioris vitae instrumenta haec arbor est, quapropter insistendum ei quoque paululum videtur. nota etiam Homero fuit. thyon Graece vocatur, ab aliis thya. hanc itaque inter odores uri tradidit in deliciis Circae, quam deam volebat intellegi, magno errore eorum qui odoramenta in eo vocabulo accipiunt, cum praesertim eodem versu cedrum laricemque una tradat uri, quo manifestum est de arboribus tantum locutum.

(101) Theophrastus, qui proximus a Magni Alexandri aetate scripsit haec circa urbis Romae annum CCCCXXXX, magnum iam huic arbori honorem tribuit, memoratas ex ea referens templorum veterum contignationes quandamque inmortalitatem materiae in tectis contra vitia omnia incorruptae.

(102) radice nihil crispius, nec aliunde pretiosiora opera. praecipuam autem esse eam arborem circa Hammonis delubrum, nasci et in interiore Cyrenaicae parte. de mensis tamen tacuit, et alias nullius ante Ciceronianam vetustior memoria est, quo noviciae apparent. –

(103) alia est arbor eodem nomine, malum ferens exsecra-

Rotweintropfen angegriffen, als ob sie für sie geschaffen wären.

(100) Unter den wenigen Mitteln für eine feinere Lebensart ist dieser Zitrusbaum; deshalb erscheint es angemessen, bei ihm noch ein wenig länger zu verweilen. Schon Homer kannte ihn. »Thyon« heißt er auf Griechisch, bei anderen »Thya«. Und so erzählt er, dass dessen Holz unter den Duftstoffen zur Wonne der (Zauberin) Kirke verbrannt wurde, die er als Göttin betrachtet wissen wollte.[96] Diejenigen aber sind in großem Irrtum, die unter diesem Wort eine Art Räucherwerk verstehen, zumal da er in demselben Vers davon spricht, dass zugleich auch Wacholder und Lärche[97] verbrannt wurden, wodurch klar wird, dass nur von Bäumen die Rede ist.

(101) Theophrast, der unmittelbar nach der Zeit Alexanders des Großen um das Jahr 440 der Stadt Rom (314 v. Chr.) darüber geschrieben hat,[98] erwies dem Holz dieses Zitrusbaums bereits große Ehre, indem er aufgrund von Überlieferungen berichtete, dass aus ihm das Gebälk alter Tempel hergestellt sei und dass dieses Bauholz in Häusern eine gewisse Unverwüstlichkeit gegen jegliche Art von Verderbnis besitze.

(102) Nichts habe eine bessere Maserung als seine Wurzel, und aus nichts ließen sich kostbarere Werke verfertigen. Besonders gut aber sei dieser Baum rings um den Tempel des Zeus Ammon (in der Oase Siwa in Ägypten).[99] Er wachse aber auch im inneren Teil der Kyrenaika. Von Tischen spricht Theophrast allerdings nicht, und sonst wird vor dem des Cicero (13,92*) kein älterer erwähnt, woraus hervorgeht, dass es sich um Neuheiten handelt.

(103) Es gibt noch einen anderen Baum mit demselben

tum aliquis odore et amaritudine, aliis expetitum, domus etiam decorans, nec dicenda verbosius.

nec auspicatior in Lesbo insula arbor quae vocatur euonymos, non absimilis Punicae arbori – inter eam et laurum folia magnitudine, figura vero et mollitia Punicae –, floris candidi odore statim pestem denuntians. fert siliquas sesames, intus granum quadriangula figura, spissum, letale animalibus; nec non et folio eadem vis. succurrit aliquando praeceps alvi exinanitio.

Namen (die Zitronatzitrone, Citrus medica *Risso*), der Äpfel trägt, die einige Leute wegen ihres Geruchs und ihrer Bitterkeit verabscheuen, andere aber hoch schätzen; sie dienen auch zum Schmuck der Häuser. Mehr ist (hier) über sie nicht zu sagen (siehe 12,15 f.*).

13,118 Das Rhododendron als typischer Baum Kleinasiens und Griechenlands[100]

Nicht weniger unheilbringend (als die Hopfenbuche, Ostrya carpinifolia) ist auf der Insel Lesbos ein Baum, der »Euonymos« genannt wird (Rhododendron luteum), dem Granatapfelbaum nicht unähnlich. Zwischen diesem und dem Lorbeer liegen die Blätter hinsichtlich ihrer Größe; an Gestalt aber und Weichheit gleichen sie dem Granatapfelbaum, haben jedoch eine ziemlich blasse Blüte, die unmittelbar Seuchen anzeigt. Der Baum trägt Kapseln wie die des Sesams (Sesamum indicum *L.*). Innen aber hat er Körner von viereckiger Gestalt, die hart und für Tiere tödlich sind. Und auch die Blätter haben durchaus dieselbe Wirkung. Es hilft zuweilen ein sofortiger Durchfall.

Libri XIV–XVI:
De arboribus indigenis

14 (1) externae arbores indocilesque nasci alibi quam ubi coepere et quae in alienas non commeant terras hactenus fere sunt, licetque iam de communibus loqui, quarum omnium peculiaris parens videri potest Italia. noscentes tantum meminerint naturas earum a nobis interim dici, non culturas, quamquam et colendi maxima in natura portio est.

(2) illud satis mirari non queo, interisse quarundam memoriam atque etiam nominum, quae auctores prodidere, notitiam. quis enim non communicato orbe terrarum maiestate Romani imperii profecisse vitam putet commercio rerum ac societate festae pacis omniaque, etiam quae ante occulta fuerant, in promiscuo usu facta?

(3) at, Hercules, non reperiuntur qui norint multa ab antiquis prodita. tanto priscorum cura fertilior aut industria felicior fuit, ante milia annorum inter principia litterarum

Aus den Büchern 14–16: Einheimische Bäume

14,1–7 Einleitung: Moralischer Exkurs

(1) Die exotischen Bäume, die nicht an einem anderen Ort wachsen wollen als in ihrem Heimatland und die sich nicht in fremden Ländern ausbreiten, sind hiermit nahezu vollständig angegeben (in den Büchern 12 und 13), und nun steht es frei, über die gemeinen Bäume zu sprechen, von denen allen als eigentliche Mutter Italien angesehen werden kann. Kundige Leute mögen nur daran erinnert sein, dass im Augenblick ihre Natur von mir besprochen werden soll, nicht ihre Kultur, obwohl auch die Art, sie zu kultivieren, ihre Natur sehr beeinflusst.[101]

(2) Darüber kann ich mich nicht genug wundern, dass einige Bäume ganz in Vergessenheit geraten sind und sogar die Bedeutung der Namen, die die Schriftsteller überliefert haben.[102] Denn es gibt doch wohl niemanden, der nicht glaubt, dass durch die Vereinigung aller Länder der Welt unter der Hoheit des römischen Reiches das Leben dank des Warenaustausches und des gemeinsamen glücklichen Friedens Fortschritte gemacht hat und dass alles, auch was früher unbekannt war, nun zu allgemeinem Gebrauch zur Verfügung steht.

(3) Aber dennoch, beim Herkules, finden sich keine Leute, die viel von dem wüssten, was von den Alten überliefert ist. So viel ertragreicher waren die Bemühungen der Vorfahren und so viel fruchtbarer ihr Fleiß, als schon vor 1000 Jahren am Anfang des wissenschaftlichen Denkens

Hesiodo praecepta agricolis pandere orso subsecutisque non paucis hanc curam eius, unde nobis crevit labor, quippe cum requirenda sint non solum postea inventa, verum etiam ea, quae invenerant prisci, desidia rerum internecione memoriae indicta.

(4) cuius vitii causas quis alias quam publicas mundi invenerit? nimirum alii subiere ritus circaque alia mentes hominum detinentur et avaritiae tantum artes coluntur. antea inclusis gentium imperiis intra ipsas adeoque et ingeniis, quadam sterilitate fortunae necesse erat animi bona exercere, regesque innumeri honore artium colebantur et in ostentatione has praeferebant opes, inmortalitatem sibi per illas prorogari arbitrantes, qua re abundabant et praemia et opera vitae.

(5) posteris laxitas mundi et rerum amplitudo damno fuit. postquam senator censu legi coeptus, iudex fieri censu, magistratum ducemque nihil magis exornare quam census, postquam coepere orbitas in auctoritate summa et potentia

Hesiod begonnen hatte, Lehren den Bauern zu verkünden, und nicht wenige folgten diesem seinem Bestreben.[103] Infolgedessen hat sich für mich der Arbeitseinsatz verstärkt, zumal da nicht nur dem später Entdeckten nachzugehen war, sondern auch dem, was die Vorfahren zwar schon gefunden hatten, über das aber infolge von Nachlässigkeit das gänzliche Erlöschen des Nachdenkens über die Dinge der Natur verhängt war.

(4) Wer aber dürfte als Wurzeln dieses Lasters andere Ursachen finden als die, die allgemein in der Welt verbreitet sind? Selbstverständlich sind andere Lebensgewohnheiten aufgekommen, und von anderen Themen werden die Gedanken der Menschen gefesselt, und man betreibt nur noch solche Gewerbe, die die Habsucht befriedigen. Früher, als die Reiche der Völker und sogar auch ihre Veranlagungen auf sich selbst beschränkt waren, war es angesichts einer gewissen Armut an Gütern für das Leben notwendig, die Geistesgaben auszubilden. Und man ehrte zahllose Könige wegen des hohen Wertes, den sie Künsten und Wissenschaften beimaßen, und sie stellten vornehmlich diese als Reichtum zur Schau, weil sie glaubten, durch sie ihren unsterblichen Ruhm zu verstärken. Dadurch waren sowohl Vergünstigungen als auch Arbeiten für das tägliche Leben immer reichlich vorhanden.

(5) Doch späteren Generationen gereichten die Weite der Welt und die Fülle an Reichtum zum Schaden. Seitdem man begann, einen Senator seines Vermögens wegen zu wählen, jemanden wegen seines Vermögens zum Richter zu machen, seitdem Beamte und Feldherren nichts mehr schmückt als ihr Vermögen, nachdem Kinderlosigkeit begann, höchstes Ansehen und Einfluss zu versprechen, und

esse, captatio in quaestu fertilissimo ac sola gaudia in possidendo, pessum iere vitae pretia omnesque a maximo bono liberales dictae artes in contrarium cecidere ac servitute sola profici coeptum.

(6) hanc alius alio modo et in aliis adorare, eodem tamen habendique ad spes omnium tendente voto. passim vero etiam egregii aliena vitia quam bona sua colere malle. ergo, Hercules, voluptas vivere coepit, vita ipsa desiit.

(7) sed nos oblitterata quoque scrutabimur, nec deterrebit quarundam rerum humilitas, sicuti nec in animalibus fecit, quamquam videmus Vergilium praecellentissimum vatem ea de causa hortorum dotes fugisse et in his, quae rettulit, flores modo rerum decerpsisse, beatum felicemque gratiae quindecim omnino generibus uvarum nominatis, tribus oleae, totidem pirorum, malo vero tantum Assyrio, ceteris omnibus neglectis.

Erbschleicherei den ergiebigsten Gewinn, und die einzigen Freuden in materiellem Besitz bestanden, da gingen die Werte des Lebens zugrunde, und alle Künste, die nach dem höchsten Gut die »freien« genannt werden, sanken in das Gegenteil herab, und allein durch Unterwürfigkeit begann man voranzukommen.

(6) Ihr huldigt jeder auf eine andere Art und in verschiedenen Bereichen, jedoch ist der Wunsch aller der gleiche und zielt nur auf das Mehrhabenwollen. Weithin aber möchten sogar hervorragende Männer lieber fremden Lastern frönen als ihre eigenen Gaben ausbilden. So hat also, beim Herkules, die wilde Lust zu leben begonnen, das Leben selbst aber hat aufgehört!

(7) Was mich jedoch betrifft, so will ich auch Vergessenem nachforschen, und da wird mich nicht die Geringfügigkeit gewisser Dinge abschrecken, ebenso wie sie es auch bei den Tieren (in den Büchern 8–11) nicht getan hat, auch wenn ich bei einem so großartigen Dichter wie Vergil sehe, dass er aus genau diesem Grund die Erzeugnisse der Gärten übergangen hat[104] und bei allem, was er besang, sich nur die Rosinen herausgepickt hat, selig und glücklich durch den Beifall, wo er doch überhaupt nur 15 Sorten von Weintrauben nennt, drei von Oliven, ebenso wenige von Birnen, von den Äpfeln aber nur den Assyrischen[105], alle übrigen aber übergeht.[106]

15 (1) oleam Theophrastus e celeberrimis Graecorum auctoribus urbis Romae anno circiter CCCCXL negavit nisi intra $\overline{\text{XXXX}}$ passuum ab mari nasci, Fenestella vero omnino non fuisse in Italia Hispaniaque aut Africa Tarquinio Prisco regnante, ab annis populi Romani CLXXIII, quae nunc pervenit trans Alpes quoque et in Gallias Hispaniasque medias.

(2) urbis quidem anno DV Appio Claudio Caeci nepote L. Iunio cos. olei librae duodenae denis assibus veniere, et mox anno DCLXXX M. Seius L. f. aedilis curulis olei denas libras singulis assibus praestitit populo Romano per totum annum.

(3) minus ea miretur, qui sciat post annos XXII Cn. Pompeio ter cos. oleum provinciis Italiam misisse. Hesiodus quoque, in primis culturam agrorum docendam arbitratus vitam, negavit oleae satorem fructum ex ea percepisse quemquam: tam tarda tunc res erat. at nunc etiam in plantariis ferunt, translatarumque altero anno decerpuntur ba-

Buch 15: Obstbäume

15,1–12 Der Ölbaum

(1) Der ÖLBAUM (Olea europaea *var. sativa*), so sagte Theophrast, einer der berühmtesten Schriftsteller der Griechen um das Jahr 440 der Stadt Rom (314 v. Chr.), gedeihe nicht weiter als höchstens 40 000 Schritte (59 km) vom Meer entfernt.[107] Nach (dem Autor) Fenestella[108] aber gab es diesen Baum in Italien, Spanien oder Afrika unter der Regierung des Tarquinius Priscus im Jahr 173 des römischen Volkes (581 v. Chr.) überhaupt noch gar nicht, während er jetzt auch über die Alpen und nach Gallien und in die Mitte Spaniens gelangt ist.

(2) Im Jahr 505 der Stadt (249 v. Chr.) unter dem Konsulat des Appius Claudius, des Enkels des Caecus, und des Lucius Iunius kosteten zwölf Pfund (3,9 kg) Öl zehn As, und später, im Jahr 680 (74 v. Chr.) gewährte der kurulische Ädil Marcus Seius, der Sohn des Lucius, dem römischen Volk das ganze Jahr hindurch zehn Pfund (ca. 3,3 kg) Öl für je einen As.

(3) Darüber wird sich wohl derjenige weniger wundern, der weiß, dass 22 Jahre später, im dritten Konsulat des Gnaeus Pompeius (52 v. Chr.), Italien Öl in die Provinzen exportiert hat. Auch Hesiod, der meinte, man müsse dem menschlichen Leben vor allem den Ackerbau beibringen, leugnete, dass der Pflanzer eines Ölbaums von diesem jemals Früchte geerntet habe: So spät setzte damals (um 700 v. Chr.) die Ernte ein! Aber heute tragen sie bereits in den Baumschulen, und es werden, wenn sie verpflanzt sind, bereits im zweiten Jahr Beeren gepflückt. Fabianus[109] behaup-

cae. Fabianus negat provenire in frigidissimis oleam neque in calidissimis.

(4) genera earum tria dixit Vergilius, orchites et radios et posias, nec desiderare rastros aut falces ullamve curam. sine dubio et in his solum maxime caelumque refert. verum tamen et tondentur, cum et vites, atque etiam interradi gaudent.

(5) consequens earum vindemia est arsque vel maior olei musta temperandi. ex eadem quippe oliva differunt suci, primum omnium cruda atque nondum inchoatae maturitatis; hoc sapore praestantissimum. quin et ex eo prima unda preli lautissima ac deinde per deminutiones, sive in sportis prematur sive, ut nuper inventum est, exilibus regulis pede incluso.

(6) quanto maturior baca, tanto pinguior sucus minusque gratus. optima autem aetas ad decerpendum inter copiam bonitatemque incipiente baca nigrescere, cum vocant druppas, Graeci vero drypetidas. cetero distat, an maturitas illa in torcularibus fiat an ramis, rigua fuerit arbor an suo tantum baca suco nihilque aliud quam rores caeli biberit.

tet, der Ölbaum komme weder in den kältesten noch in den heißesten Gegenden vor.

(4) Drei Kultursorten hat Vergil mit Namen aufgeführt: die »Hoden«, die »Stäbchen« und die »Fleischigen«. Sie würden weder das Hacken noch das Beschneiden oder sonst irgendwelche Bearbeitung benötigen. Ohne Zweifel kommt es auch bei ihnen am meisten auf den Boden und auf das Klima an. Indessen werden sie doch beschnitten, und zwar dann, wenn man auch die Weinstöcke beschneidet, und sie haben es gern, wenn sie hier und da ausgeholzt werden.

(5) Es folgt die Ernte der Oliven und die sogar noch größere Fertigkeit, die verschiedenen Mosterzeugnisse des Öls zuzubereiten. Denn Säfte aus der gleichen Olive unterscheiden sich – zuallererst die aus der grünen, deren Reife noch nicht begonnen hat. Dieses Öl ist dem Geschmack nach das beste. Ja, davon ist der erste Ablauf aus der Ölpresse der am meisten geschätzte und dann der Nachlauf stufenweise weniger, sei es dass man es in Flechtkörben auspresst, sei es dass man, wie es vor Kurzem erfunden wurde, die Maische zwischen kleine Scheiben klemmt.

(6) Je reifer die Olive, desto fetter und weniger schmackhaft ist das Öl. Zum Pflücken die beste Zeit im Hinblick auf Ausgleich von Quantität und Qualität ist, wenn die Beere schwarz zu werden beginnt, wenn man sie »Druppae« nennt, die Griechen jedoch »vom Baum Abfallende«. Übrigens ist es nicht gleichgültig, ob sie jenen Reifegrad auf der Kelter oder an den Zweigen erhalten, ob der Baum bewässert wurde oder ob die Beere nur ihren eigenen Saft hat und nichts anderes als den Tau des Himmels getrunken hat.

(7) vetustas oleo taedium adfert, non item ut vino, plurimumque aetatis annuo est, provida, si libeat intellegere, natura, quippe temulentiae nascentibus vinis uti necesse non est, quin immo invitat ad servandum blanda inveterati caries: oleo noluit parci fecitque ea necessitate promiscuum et vulgo.

(8) principatum in hoc quoque bono obtinuit Italia e toto orbe, maxime agro Venafrano eiusque parte quae Licinianum fundit oleum, unde et Liciniae gloria praecipua olivae. unguenta hanc palmam dedere accommodato ipsis odore, dedit et palatum delicatiore sententia. de cetero bacas Liciniae nulla avis adpetit. reliquum certamen inter Histriae terram et Baeticae par est. cetero fere vicina bonitas provinciis excepto Africae frugifero solo: Cereri id totum natura concessit, oleum ac vinum non invidit tantum satisque gloriae in messibus fecit. reliqua erroris plena, quem in nulla parte vitae numerosiorem esse docebimus.

(9) oliva constat nucleo, oleo, carne, amurca. sanies haec est eius amara; fit ex aquis, ideo siccitatibus minima, riguis

(7) Das Altern bringt dem Öl einen ekelhaften Geruch und Geschmack, was beim Wein nicht der Fall ist. Sein Höchstalter beträgt ein Jahr – durch die Fürsorge der Natur, wenn man es so verstehen möchte: Wer nämlich sich erheitern will, braucht nicht gleich Federweißen zu genießen, ja, die verführerische Blume eines alten Weines lädt zum Aufbewahren ein. Was dagegen das Öl angeht, wollte die Natur nicht, dass mit ihm sparsam umgegangen wird, und durch derartigen Zwang machte sie den Gebrauch allgemein und jedem zugänglich.

(8) Den Vorrang in der Erzeugung auch dieser köstlichen Gabe der Natur hat Italien vor allen Ländern der Erde, besonders in der Landschaft von Venafrum[110], und zwar in dem Teil davon, der das licinianische Öl reichlich hervorbringt, weshalb auch die licinianische Olive ihren guten Ruf hat. Diesen Vorrang haben ihr die Salben verschafft, zu denen ihr Wohlgeruch gut passt; ebenso verlieh ihr diesen Vorrang der Gaumen durch den Befund eines feineren Geschmacks. Im Übrigen begehrt kein Vogel die licinianischen Oliven. Der zweite Rang im Wettstreit zwischen dem Boden Istriens und Andalusiens ist unentschieden. Im Übrigen bringen die Provinzen eine fast gleiche Qualität hervor, ausgenommen der Getreide liefernde Boden Afrias: Der (Getreidegöttin) Ceres hat die Natur diesen ganz überlassen, Öl und Wein zwar nicht ganz vorenthalten und genügend Ruhm im Ernten von Getreide verschafft. Das Übrige ist voll von Irrtümern, die, wie ich nachweisen werde (15,10–12*), in keinem anderen Bereich des Lebens häufiger sind.

(9) Die Olive besteht aus Kern, Öl, Fleisch und Ölschaum. Dieser ist ihr bitterer Schleim, entstehend aus Wasser, wes-

copiosa. suus quidem olivae sucus oleum est, idque praecipue ex inmaturis intellegitur, sicut in omphacio docuimus. augetur oleum ad Arcturi exortum in a. d. XVI kal. Oct., postea nuclei increscunt et caro. tum si etiam copiosi imbres accessere, vitiatur oleum in amurcam. huius color olivam cogit nigrescere, ideoque incipiente nigritia minimum amurcae, ante eam nihil est.

(10) error hominum falsus existimantium maturitatis initium quod est vitii proximum, deinde quod oleum crescere olivae carne arbitrantur, cum sucus omnis in corpus abeat lignumque intus grandescat. ergo tum maxime rigantur; quod ubi cura multisve imbribus accidit, oleum absumitur nisi consecuta serenitate quae corpus extenuet. omnino enim, ut Theophrasto placet, et olei causa calor est, quare in torcularibus etiam ac cellis multo igni quaeritur.

(11) tertia est culpa in parsimonia, quoniam propter inpendium decerpendi expectatur ut decidant olivae. qui medium temperamentum in hoc servant, perticis decutiunt cum iniuria arborum sequentisque anni damno. quippe olivantibus lex antiquissima fuit: »oleam ne stringito neve verberato.«

halb er bei trockener Witterung sehr gering, bei nasser reichlich vorhanden ist. Der eigentliche Saft der Olive ist freilich das Öl; man versteht darunter vor allem das aus unreifen Früchten, wie ich beim »Omphakion« (12,130) dargelegt habe. Das Öl vermehrt sich bis zum Aufgang des Arkturus am 16. September, später wachsen die Kerne und das Fleisch. Wenn dann noch eine Menge Regen fällt, wird das Öl zu Ölschaum verdorben. Die Farbe des Schaumes veranlasst die Olive, schwarz zu werden, und deshalb ist beim Beginn der Schwärze ganz wenig Ölschaum, vorher gar keiner vorhanden.

(10) Es ist ein trügerischer Irrtum, wenn Menschen glauben, es sei der Anfang der Reife, was einer Verderbnis sehr nahe kommt. Ferner, wenn sie glauben, das Öl nehme mit dem Wachstum des Fleischs der Olive zu, da der ganze Saft sich allmählich in Fruchtfleisch verwandelt und der hölzerne Kern im Inneren größer wird. Gerade dann werden die Bäume am meisten begossen! Wo dies mit großem Eifer und bei starkem Regen passiert, verzehrt sich das Öl, falls nicht heiteres Wetter folgt, welches das Fruchtfleisch wieder schrumpfen lässt. Nach Theophrasts Ansicht ist nämlich überhaupt Wärme auch die Ursache des Öls, weshalb man sie sogar in den Kelterkammern durch große Feuer zu erlangen sucht.

(11) Ein dritter Fehler liegt in der Sparsamkeit, weil man wegen der Kosten des Pflückens wartet, bis die Oliven von selbst abfallen. Wer darin einen Mittelweg einhalten will, schlägt sie mit Stangen herab – zum Schaden der Bäume und mit Verlusten im nächsten Jahr, zumal es für Olivenpflücker ein uraltes Gesetz gab: »Den Ölbaum sollst du nicht abstreifen und nicht schlagen!«

(12) qui cautissime agunt, harundine levi ictu nec adversos percutiunt ramos. sic quoque alternare fructus cogitur decussis germinibus, nec minus si expectetur ut cadant; haerendo enim ultra suum tempus absumunt venientibus alimentum et detinent locum. argumentum est quod nisi ante Favonium collectae novas vires resumunt et difficilius cadunt.

(127) laurus triumphis proprie dicatur, vel gratissima domibus, ianitrix Caesarum pontificumque. sola et domos exornat et ante limina excubat. duo eius genera tradidit Cato, Delphicam et Cypriam. Pompeius Lenaeus adiecit, quam mustacem appellavit, quoniam mustaceis subiceretur: hanc esse folio maximo flaccidoque et albicante; Delphicam aequali colore viridiorem, maximis bacis atque e viridi rubentibus; hac victores Delphis coronari ut triumphantes Romae; Cypriam esse folio brevi, nigro, per margines imbricato crispam.

(12) Diejenigen verfahren am vorsichtigsten, die mit einem Schilfrohr (und seiner weichen Rispe) die Früchte mit einem sanften Schlag und von der Seite anstoßen. So auch zwingt man den Baum, nur ein um das andere Jahr Früchte zu tragen, indem man Knospen mit abschlägt. Aber man schadet nicht minder, wenn man wartet, bis sie von selbst abfallen. Denn wenn sie über ihre Zeit hängen, entziehen sie den nachwachsenden Beeren Nahrung und nehmen ihnen den Platz weg. Ein Beweis hierfür ist, dass, wenn sie nicht vor dem Auftreten der Westwinde (etwa Mitte Februar) geerntet sind, sie wieder neue Kräfte schöpfen und schwerer abfallen.

15,127–138 Der Lorbeer

(127) Der LORBEER (Laurus nobilis) ist vorzugsweise für die Triumphe bestimmt; er wird aber auch sehr gern an Gebäuden gesehen als Türhüter bei Kaisern und Priestern. Er allein schmückt auch die Häuser und hält vor ihren Eingängen Wache. Cato[111] hat zwei Sorten davon überliefert, den delphischen und den kyprischen. Pompeius Lenaeus[112] fügte noch eine hinzu, die er »Mostlorbeer« (*mustax*) genannt hat, weil er unter die Lorbeerkuchen (*mustacea*)[113] gelegt werde: Dieser habe ein sehr großes, schlaffes und hellgrünes Blatt. Der delphische habe die gleiche Farbe, nur grüner, und dabei sehr große Beeren, die von grüner zu roter Farbe übergehen. Damit würden die Sieger (der sportlichen Wettkämpfe) in Delphi bekränzt wie die Triumphatoren in Rom. Der kyprische habe ein kurzes Blatt, dunkelgrün und an den Rändern hohlziegelförmig gekräuselt.

(128) postea accessere genera: tinus – hanc silvestrem laurum aliqui intellegunt, nonnulli sui generis arborem – differt colore; est enim caerula baca. accessit et regia, quae coepit Augusta appellari;

(129) amplissima et arbore et folio, bacis gustatu quoque non asperis. aliqui negant eandem esse et suum genus regiae faciunt longioribus foliis latioribusque. iidem in alio genere bacaliam appellant hanc quae vulgatissima est bacarumque fertilissima,

(130) sterilem vero earum, quod maxime miror, triumphalem eaque dicunt triumphantes uti, nisi id a Divo Augusto coepit, ut docebimus, ex ea lauru quae ei missa e caelo est, minima altitudine, folio crispo, brevi, inventu rara. accedit in topiario opere Thasia, excrescente in medio folio parvola veluti lacinia folii, et sine ea spadonina, mira opacitatis patientia, itaque quantalibeat sub umbra solum implet.

(131) est et chamaedaphne silvestris frutex et Alexandri-

(128) Später kamen noch weitere Formen des Lorbeers hinzu: Der Steinlorbeer (Viburnum tinus *L.*) – einige verstehen darunter den wilden Lorbeer, einige einen Baum eigener Art – unterscheidet sich durch die Farbe, denn seine Beeren sind blauschwarz. Es kam noch der königliche Lorbeer hinzu, den man angefangen hat Augustuslorbeer zu nennen.

(129) Er ist sehr groß sowohl als Baum als auch dem Blatt nach, und seine Beeren sind auch dem Geschmack nach nicht unangenehm. Einige streiten ab, dass es ein und derselbe Baum sei, und halten den königlichen für eine eigene Art, da er längere und breitere Blätter habe.[114] Dieselben nennen als eine andere Sorte den Beerenlorbeer, und zwar die Art, die gerade die gewöhnlichste ist und die meisten Beeren bringt.

(130) Den unfruchtbaren ohne Beeren[115] aber, was mich am meisten wundert, nennen sie »Triumphlorbeer«, und man sagt, dass die Triumphatoren ihn tragen, wenn dies nicht etwa erst seit der Zeit des göttlichen Augustus (reg. 27 v. Chr. – 14 n. Chr.) Brauch geworden ist, wie ich nachweisen werde (15,137*),[116] und zwar von dem Lorbeer, der ihm vom Himmel geschickt wurde, sehr niedrig bleibt, ein krauses, kurzes Blatt hat und sich nur selten findet. Im Zierpflanzenanbau kommt noch der Thasische Lorbeer hinzu, in dessen Blattmitte so etwas wie eine kleine Blattzunge hervorwächst (Mäusedorn, Ruscus aculeatus),[117] sowie der unfruchtbare Lorbeer ohne diese Blattzunge, der schattige Orte erstaunlich gut verträgt; er wuchert deshalb auf dem Boden, so dicht der Schatten auch sein mag (Großes Immergrün, Vinca major).

(131) Auch der Zwerglorbeer (Danaë racemosa) ist ein

na, quam aliqui Idaeam, alii hypoglottion, alii danaen, alii carpophyllon, alii hypelaten vocant. ramos spargit a radice dodrantales, coronarii operis, folio acutiore quam myrti ac molliore et candidiore, maiore, semine inter folia rubro, plurima in Ida et circa Heracleam Ponti, nec nisi in montuosis.

(132) id quoque, quod daphnoides vocatur, genus in nominum ambitu est; alii enim Pelasgum, alii eupetalon, alii stephanon Alexandri vocant. et hic frutex est ramosus, crassiore ac molliore quam laurus folio, cuius gustatu accendatur os, bacis e nigro rufis. notatum antiquis, nullum genus laurus in Corsica fuisse, quod nunc satum et ibi provenit.

(133) ipsa pacifera, ut quam praetendi etiam inter armatos hostes quietis sit indicium. Romanis praecipue laetitiae victoriarumque nuntia additur litteris et militum lanceis pilisque, fasces imperatorum decorat.

(134) ex iis in gremio Iovis Optimi Maximique deponitur, quotiens laetitiam nova victoria adtulit, idque non quia perpetuo viret nec quia pacifera est, – praeferenda ei utroque olea, – sed quia spectatissima in monte Parnaso ideo-

wild wachsender Strauch und auch der Alexanderlorbeer (Ruscus hypoglossum), den einige Idalorbeer,[118] andere »Zäpfchen«, andere »Danaë«, andere »Blattfrucht« und wieder andere »Hypelate«[119] nennen. Er treibt gleich aus der Wurzel spannenlange Zweige für die Arbeit der Kranzbinder. Er hat spitzere Blätter als die Myrte und auch weichere, hellere und größere sowie rote Beeren auf den Blättern.[120] Er gedeiht am häufigsten im Trojanischen Idagebirge und um Herkleia am Schwarzen Meer, und zwar nur in Bergregionen.

(132) Auch die Art, die Großblättriger Mäusedorn (Ruscus hypophyllum) heißt, hat mancherlei umschreibende Namen, denn einige nennen ihn den »pelasgischen«, andere den »schönblättrigen«, wieder andere den »Kranz des Alexander«. Auch dieser Strauch ist voller Äste und hat ein dickeres und weicheres Blatt als der Lorbeer, das beim Kauen den Mund entzünden kann; seine Beeren sind dunkelrot. Den Alten war bekannt, dass auf Korsika keine Art von Lorbeer vorkam; jetzt hat man ihn gepflanzt und er gedeiht dort.

(133) Der Lorbeer ist ein Friedensbringer, so dass ihn vor sich zu schwenken selbst zwischen bewaffneten Feinden ein Zeichen der Waffenruhe ist. Bei den Römern wird er vor allem als Bote der Freude und der Siege an Briefe und Lanzen und Speere der Soldaten geheftet und schmückt die Rutenbündel der Feldherren.

(134) Von diesen abgenommen, wird er auf die Knie des Jupiter, des gnädigsten und höchsten Gottes, niedergelegt, sooft ein neuer Sieg Freude auslöst; dies aber nicht, weil er immer grünt, auch nicht, weil er ein Friedensbringer ist – vorzuziehen wäre ihm in beiderlei Hinsicht ein Ölzweig –,

que etiam grata Apollini visa, adsuetis eo dona mittere, oracula inde repetere iam et regibus Romanis teste L. Bruto, fortassis etiam in argumentum, quoniam ibi libertatem publicam is meruisset lauriferam tellurem illam osculatus ex responso et quia manu satarum receptarumque in domos fulmine sola non icitur.

(135) ob has causas equidem crediderim honorem ei habitum in triumphis potius quam quia suffimentum sit caedis hostium et purgatio, ut tradit Masurius, adeoque in profanis usibus pollui laurum et oleam fas non est, ut ne propitiandis quidem numinibus accendi ex iis altaria araeve debeant. laurus quidem manifesto abdicat ignes crepitu et quadam detestatione, interaneorum etiam vitia et nervorum ligno torquente. Ti. principem tonante caelo coronari ea solitum ferunt contra fulminum metus.

(136) sunt et circa Divum Augustum eventa eius digna memoratu. namque Liviae Drusillae, quae postea Augusta matrimonii nomen accepit, cum pacta esset illa Caesari, gallinam conspicui candoris sedenti aquila ex alto abiecit in

sondern weil er am prächtigsten auf dem Berg Parnass gedeiht und deshalb auch als von (dem Gott) Apollon geliebt betrachtet wurde. Dorthin (also nach Delphi) pflegten auch schon die römischen Könige Geschenke zu schicken sowie von dort Orakel einzuholen, wie Lucius Brutus bezeugt; vielleicht dient auch zum Beweis, dass dieser dort, nachdem er jenen lorbeertragenden Boden aufgrund der Antwort des Orakels geküsst hatte,[121] Freiheit für den Staat gewann und dass der Lorbeerbaum unter den von Menschenhand gepflanzten und in Häuser aufgenommenen Bäumen als einziger niemals vom Blitz getroffen wird.

(135) Ich freilich möchte annehmen, dass ihm eher aus diesen Gründen die Ehre bei Triumphen gegeben wurde, als weil er nach der blutigen Niederschlagung von Feinden zum Räuchern und zur Reinigung verwendet wird, wie Masurius[122] angibt; ferner ist es so wenig gestattet, den Lorbeer und Ölbaum für profane Zwecke zu missbrauchen, dass man mit ihnen nicht einmal zur Versöhnung der Götter auf Hochaltären oder Opfertischen Feuer entzünden darf. Der Lorbeer jedenfalls zeigt seine Abneigung gegen das Feuer durch lautes Knistern an und durch einen gewissen Widerwillen, indem das Holz durch Drehen und Winden die Unregelmäßigkeiten der Maserung und der Gefäße anzeigt. Kaiser Tiberius (reg. 14–37) soll sich bei Gewittern stets gegen die Furcht vor Blitzen mit Lorbeer bekränzt haben.

(136) Es gibt auch im Leben des göttlichen Augustus (reg. 27 v. Chr. – 14 n. Chr.) erwähnenswerte Ereignisse mit dem Lorbeer. Denn der Livia Drusilla, die später durch ihre Heirat den Namen Augusta erhielt, hat zu der Zeit, als sie mit dem Kaiser verlobt war, ein Adler aus der Höhe ein blen-

gremium inlaesam, intrepideque miranti accessit miraculum. quoniam teneret in rostro laureum ramum onustum suis bacis, conservari alitem et subolem iussere haruspices ramumque eum seri ac rite custodiri:

(137) quod factum est in villa Caesarum fluvio Tiberi inposita iuxta nonum lapidem Flaminiae viae, quae ob id vocatur Ad Gallinas, mireque silva provenit. ex ea triumphans postea Caesar laurum in manu tenuit coronamque capite gessit, ac deinde imperatores Caesares cuncti. traditusque mos est ramos, quos tenuerunt, serendi et durant silvae nominibus suis discretae, fortassis ideo mutatis triumphalibus.

(138) unius arborum Latina lingua nomen inponitur viris, unius folia distinguntur appellatione; lauream enim vocamus. durat et in urbe inpositum loco, quando Loretum in Aventino vocatur, ubi silva laurus fuit. eadem purificationibus adhibetur, testatumque sit obiter et ramo eam seri, quoniam dubitavere Democritus atque Theophrastus.

nunc dicemus silvestrium naturas.

dend weißes Huhn im Sitzen unverletzt in den Schoß geworfen, und als sie es furchtlos bestaunte, geschah ein weiteres Wunder: Weil das Huhn einen noch mit seinen Beeren beladenen Lorbeerzweig im Schnabel hielt, ordneten die Vogelschauer an, dass der Vogel und seine Nachkommenschaft erhalten bleibe, der Zweig aber gepflanzt und gebührend bewacht werde.[123]

(137) Dies geschah auf dem kaiserlichen Landsitz am Ufer des Tiber beim neunten Meilenstein der Flaminischen Straße, der deshalb noch jetzt »Bei den Hühnern« heißt, und auf wunderbare Weise entspross dort ein Wald. Aus diesem hielt später der Kaiser beim Triumph einen Lorbeerzweig in der Hand und trug davon einen Kranz auf dem Haupt, und danach machten es alle Kaiser so. Auch erhielt sich die Sitte, die Zweige, die sie getragen hatten, einzupflanzen, und die nach ihrem Namen unterschiedenen Wälder bestehen noch jetzt. Vielleicht ist deshalb die Vertauschung des Triumphzeichens (unter Augustus) entstanden (15,130*).

(138) Der Lorbeer ist der einzige Baum, nach dem in der lateinischen Sprache Männer benannt werden, und der einzige, dessen Blätter durch besondere Bezeichnungen unterschieden werden: »Laurea« nennen wir sie ja. Der Name des Baumes lebt auch an einer Stelle in der Stadt fort, indem man das »Loretum« auf dem Aventin so nennt, wo einst ein Lorbeerwald gestanden hat. Dieser Baum wird auch zu Reinigungen verwendet, und es sei noch beiläufig bestätigt, dass er sich auch durch Stecklinge vermehren lässt, da ja Demokrit und Theophrast[124] dies bezweifelt haben.

Nun (in Buch 16) werden wir die Eigenschaften der wildwachsenden Bäume beschreiben.

16 (1) pomiferae arbores quaeque mitioribus sucis voluptatem primae cibis attulerunt et necessario alimento delicias miscere docuerunt, sive illae ultro sive ab homine didicere blandos sapores adoptione et conubio – idque munus etiam feris volucribusque dedimus –, intra praedictas constant.

proximum erat narrare glandiferas, quae primae victum mortalium aluerunt nutrices inopis ac ferae sortis, ni praeverti cogeret admiratio usu comperta, quaenam qualisque esset vita sine arbore ulla, sine frutice viventium.

(2) diximus et in oriente quidem iuxta oceanum complures ea in necessitate gentes. sunt vero et in septentrione visae nobis Chaucorum, qui maiores minoresque appellantur. vasto ibi meatu bis dierum noctiumque singularum intervallis effusus in inmensum agitur oceanus, operiens aeternam rerum naturae controversiam dubiamque terrae sit an partem maris.

Buch 16: In Europa wildwachsende Bäume des Waldes

16,1–4 Vorwort: Land ohne Bäume und Sträucher – die Halligen der Nordsee[125]

(1) Die Obstbäume und diejenigen Bäume, die durch die größere Süße ihrer Säfte als erste den Speisen Geschmack verliehen und lehrten, der lebensnotwendigen Nahrung Leckereien beizumischen, mögen jene ihren lieblichen Geschmack von sich selbst oder ihn vom Menschen durch Pfropfen und Okulieren gelernt haben – und dieses Geschenk machten wir sogar dem Wild und den Vögeln –, (alles das) wurde innerhalb dessen festgestellt, was über die zuvor genannten Obstbäume (15,35–117) gesagt war.

Als Nächstes wäre über die Bäume zu reden, die Eicheln tragen, die als Erste den Lebensunterhalt der Sterblichen gewährleisteten als Ammen eines bescheidenen und rohen Schicksals, wenn nicht das durch meine eigene Anschauung gewonnene Erstaunen dazu drängte, vorher anzumerken, wie und welcher Art das Leben derer ist, die ganz ohne Bäume und ohne Sträucher ihr Leben fristen müssen.

(2) Ich habe freilich schon im Orient am Ozean mehrere Völker unter derart dürftigen Umständen erwähnt (13,139). Mir sind sie (solche Völker) aber auch im Norden zu Gesicht gekommen, nämlich die Chauken, die die »Großen« und die »Kleinen« genannt werden.[126] In gewaltiger Flut strömt dort der Ozean in zwei Gezeiten an je einem Tag und einer Nacht und ergießt sich in unermessliche Weiten, so dass er den ewigen Widerstreit der Elemente verhüllt und unentschieden lässt, ob es sich um einen Teil der Festlandes oder um einen Teil des Meeres handelt.

(3) illic, misera gens, tumulos optinent altos aut tribunalia exstructa manibus ad experimenta altissimi aestus, casis ita inpositis navigantibus similes, cum integant aquae circumdata, naufragis vero, cum recesserint, fugientesque cum mari pisces circa tuguria venantur. non pecudem his habere, non lacte ali, ut finitimis, ne cum feris quidem dimicare contingit omni procul abacto frutice.

(4) ulva et palustri iunco funes nectunt ad praetexenda piscibus retia captumque manibus lutum ventis magis quam sole siccantes terra cibos et rigentia septentrione viscera sua urunt. potus non nisi ex imbre servato scrobibus in vestibulo domus. et hae gentes, si vincantur hodie a populo Romano, servire se dicunt! ita est profecto: multis fortuna parcit in poenam.

(5) aliud e silvis miraculum: totam reliquam Germaniam operiunt adduntque frigori umbras, altissimae tamen haud procul supra dictis Chaucis circa duos praecipue lacus. lito-

(3) Dort hausen sie, ein armseliges Volk, auf hohen Halligen oder Warften, die sie mit eigenen Händen nach Maßgabe des höchsten Wasserstandes aufgeworfen haben; darauf bauen sie Hütten von der Art, dass sie Kajüten von Schifffahrern ähnlich sehen, wenn die Fluten ringsumher alles bedecken, jedoch Schiffbrüchigen, wenn sie sich wieder verlaufen haben; und um ihre Strohhütten herum machen sie Jagd auf Fische, die mit dem Meer entweichen. Kein Vieh können sie halten, keine Milch trinken wie ihre Nachbarvölker, ja nicht einmal mit wilden Tieren kämpfen, wo es doch weit und breit kein einziges Gebüsch gibt.

(4) Aus Flechtbinsen (Scirpus maritimus)[127] und Salzbinsen (Juncus gerardii *Lois. var. chaucorum*) knüpfen sie Seile zusammen, um für den Fischfang Netze aufzustellen. Indem sie Schlick,[128] den sie mit bloßen Händen ergreifen, mehr im Wind als durch die Sonne trocknen, setzen sie dem Feuer aus dieser Erde ihre Speisen und ihre Glieder aus, die vom Nordwind erstarrt sind. Trinken können sie nur Regenwasser, das in Gruben am Eingang des Hauses aufgefangen wird. Und doch sagen diese Barbaren, sollten sie heute vom römischen Volk besiegt werden, sie würden Sklaven. So ist es in der Tat: Oft verschont das Schicksal die, die es strafen will!

16,5–7 Baumriesen in Nordgermanien

(5) Ein anderer Grund zum Staunen liegt in den Wäldern: Sie bedecken das gesamte übrige Germanien und fügen der Kälte noch Schatten hinzu; die höchsten finden sich indessen nicht weit von den oben (16,2*) erwähnten Chauken,

ra ipsa optinent quercus maxima aviditate nascendi, suffossaeque fluctibus aut propulsae flatibus vastas complexu radicum insulas secum auferunt, atque ita libratae stantes navigant, ingentium ramorum armamentis saepe territis classibus nostris, cum velut ex industria fluctibus agerentur in proras stantium noctu, inopesque remedii illae proelium navale adversus arbores inirent.

(6) in eadem septentrionali plaga Hercyniae silvae roborum vastitas intacta aevis et congenita mundo prope inmortali sorte miracula excedit. ut alia omittantur fide caritura, constat attolli colles occursantium inter se radicum repercussu aut, ubi secuta tellus non sit, arcus ad ramos usque et ipsos inter se rixantes curvari portarum patentium modo, ut turmas equitum tramittant. glandiferi maxime generis omnes, quibus honos apud Romanos perpetuus.

(7) hinc civicae coronae, militum virtutis insigne clarissimum, iam pridem vero et clementiae imperatorum, postquam civilium bellorum profano meritum coepit videri civem non occidere.

vor allem rings um zwei Seen.[129] Unmittelbar an den Ufern wachsen Eichen von höchster Wuchskraft, und wenn sie von den Fluten unterspült oder von Stürmen losgerissen werden, tragen sie durch die Umschlingung der Wurzeln gewaltige Inseln mit sich davon, und so segeln sie aufrecht stehend dahin; durch das Takelwerk ihrer weit ausgebreiteten Äste haben sie schon oft unseren Flotten Schrecken eingejagt, wenn sie, als wäre es Absicht, gegen die Vorderteile unserer bei Nacht vor Anker liegenden Schiffe trieben und sich jene ohne Aussicht auf Hilfe auf eine Seeschlacht gegen Bäume einlassen mussten.

(6) In derselben nördlichen Landschaft im germanischen Mittelgebirge übertrifft die weite Wildnis der Eichenwälder, seit Jahrhunderten unberührt und so alt wie die Welt, durch ihre nahezu ewige Dauer alle Wunder. Um anderes Unverbürgtes zu übergehen: Fest steht doch, dass sich Erdhügel durch den Gegendruck aufeinanderstoßender Wurzeln oder dort, wo der Boden dem Druck nicht folgt, sich Bögen bis zu den Ästen aufrichten und, indem sie selbst miteinander ringen, wie weite Tore aufwölben,[130] so dass sie ganze Reiterschwadronen[131] durchlassen können. Zu den eicheltragenden Bäumen gehören fast alle, die bei den Römern immer in Ehren standen.

(7) Von ihnen nahm man die Bürgerkränze, die berühmteste Auszeichnung für die Tapferkeit der Soldaten, schon lange aber auch für die Milde der Feldherren, seitdem es angesichts der Gräueltaten der Bürgerkriege als Verdienst zu gelten begann, einen Mitbürger nicht zu töten.[132]

(15) glande opes nunc quoque multarum gentium etiam pace gaudentium constant. nec non et inopia frugum arefactis emolitur farina spissaturque in panis usum; quin et hodieque per Hispanias secundis mensis glans inseritur. dulcior eadem in cinere tosta. cautum est praeterea lege XII tabularum, ut glandem in alienum fundum procidentem liceret colligere.

(16) genera earum multa. distant fructu, situ, sexu, sapore. namque alia fageae glandi figura, alia quernae et alia ilignae, atque inter se quoque generum singulorum differentiae. praeterea sunt aliquae silvestres, aliae placidiores, quae culta optinent. iam in montuosis planisque distant, sicut et sexu, mares ac feminae, item sapore: dulcissima omnium fagi, ut qua obsessos etiam homines durasse in oppido Chio tradat Cornelius Alexander.

(17) genera distinguere non datur nominibus, quae sunt alia alibi, quippe cum robur quercumque vulgo nasci vide-

16,15–37 Eichelntragende Waldbäume

(15) Es ist allgemein bekannt, dass aus Eicheln auch heute noch die Nahrung vieler Völker besteht,[133] sogar wenn sie sich des Friedens erfreuen, und natürlich wurden auch bei Mangel an Getreide die Eicheln nach Trocknung zu Mehl zermahlen und geknetet, um Brot zu backen.[134] Sogar heute noch werden überall in Spanien Eicheln zum Nachtisch serviert.[135] Noch süßer schmecken sie in Asche geröstet. In einem der Zwölftafelgesetze ist sichergestellt, dass erlaubt ist, über die Grenze auf fremden Boden gefallene Eicheln zu sammeln.[136]

(16) Eichenarten gibt es viele.[137] Sie unterscheiden sich in der Frucht, im Biotop, im Geschlecht und im Geschmack. Denn eine andere Gestalt hat die Eichel der Rotbuche (Buchecker, Fagus sylvatica),[138] eine andere die Eichel der Stieleiche (»Quercus« als Artname: Quercus robur) und der Steineiche »Ilex« (Quercus ilex), und auch innerhalb der einzelnen Arten gibt es Varietäten. Außerdem sind einige wild, andere sind es weniger, wenn sie im Kulturland siedeln. Schon die im Bergland und die in der Ebene sind verschieden, wie auch im Geschlecht die männlichen und weiblichen,[139] ebenso im Geschmack. Die süßesten von allen sind die der Rotbuche, so dass durch sie sogar Menschen während der Belagerung in der Stadt Chios ausgeharrt hatten, wie Cornelius Alexander überliefert.[140]

(17) Die Arten kann man nicht mit Namen unterscheiden, die an einem Ort diese, an einem anderen eine andere Bedeutung haben, zumal wir sehen, dass die Traubeneiche »Robur« (Quercus petraea, sowie die sehr ähnliche Flaumeiche, Q. pubescens) und die Stieleiche »Quercus« überall

amus, aesculum non ubique, quartam vero generis eiusdem, quae cerrus vocatur, ne Italiae quidem maiore ex parte notam esse. distinguemus ergo proprietate naturaque et, ubi res coget, etiam Graecis nominibus.

(18) fagi glans nucleis similis triangula cute includitur. folium tenue atque e levissimis, populo simile, celerrime flavescens et media parte plerumque gignens superne parvolam bacam viridem, cacumine aculeatam. fagum muribus gratissimum est, et ideo animalis eius una proventus, glires quoque saginat, expetitur et turdis. arborum fertilitas omnium fere alternat, sed maxime fagi.

(19) glandem, quae proprie intellegitur, ferunt robur, quercus, aesculus, cerrus, ilex, suber. continent hispido calyce per genera plus minusve complectente. folia praeter ilicem gravia, carnosa, procera, sinuosa lateribus, nec, cum cadunt, flavescentia, ut fagi, pro differentia generum breviora vel longiora. ilicis duo genera. ex his in Italia folio non multum ab oleis distant milaces a quibusdam Graecis dic-

wachsen, die Breitblättrige Eiche »Äsculus« (Quercus frainetto) aber nicht überall;[141] doch ist die vierte derselben Gattung, die Zerreiche »Cerrus« (Quercus cerris) heißt, nicht einmal im größeren Teil Italiens bekannt. Wir werden sie also nach ihren Merkmalen und Eigenschaften unterscheiden und, wo die Sache es erzwingt, auch durch griechische Namen.

(18) Die Buchecker, Fruchtkernen ähnlich, wird von einer dreieckigen Schale eingeschlossen. Das Blatt ist dünn und eines von den leichtesten, dem der Schwarzpappel (Populus nigra *L.*) ähnlich. Es wird (im Herbst) sehr schnell goldgelb und bildet in der Mitte zuweilen oben eine kleine grüne Beere mit Stachelspitze.[142] Die Buchecker ist Mäusen hochwillkommen,[143] und deshalb gibt es an Orten, wo Rotbuchen wachsen, eine große Menge von diesen Tieren. Auch die Siebenschläfer machen sie fett,[144] sogar die Singdrosseln begehren sie. Die Fruchtbarkeit nahezu aller Bäume wechselt ein um das andere Jahr, am meisten aber die der Buche.

(19) Eine Eichel im eigentlichen Sinne tragen die Traubeneiche, die Stieleiche, die Breitblättrige Eiche, die Zerreiche, die Steineiche und die Korkeiche. Diese Arten umfassen die Eicheln mit einem schuppigen Fruchtbecher, der sie je nach Art mehr oder weniger umschließt. Die Blätter sind, außer die der Steineiche, groß, fleischig, länglich, an den Seiten gebuchtet und, wenn sie abfallen, nicht goldgelb wie die der Rotbuche, je nach dem Unterschied der Arten kürzer oder länger. Von der Steineiche gibt es zwei Arten: Von diesen unterscheiden sich die in Italien wachsenden im Blatt nicht sehr von Oliven, von einigen Griechen »Milaces« genannt.[145] In den Provinzen stehen die stachelblätt-

tae; in provinciis aquifoliae sunt ilices. glans utriusque brevior et gracilior, quam Homerus aculon appellat eoque nomine a glande distinguit. masculas ilices negant ferre.

(20) glans optima in quercu atque grandissima, mox aesculo. nam robori parva, cerro tristis, horrida, echinato calyce ceu castaneae. sed et in querna alia dulcior, molliorque feminae, mari spissior. maxime autem probantur latifoliae ex argumento dictae. distant inter se magnitudine et cutis tenuitate, item quod aliis subest tunica robigine scabra, aliis protinus candidum corpus.

(21) probatur et ea, cuius in balano utrimque ex longitudine extrema lapidescit duritia, melior cui in cortice quam cui in corpore, utrumque non nisi mari. praeterea aliis ovata, aliis rotunda, aliis acutior figura, sicut et colos nigrior candidiorve, qui praefertur. amaritudo in extremitatibus, mediae dulces. quin et pediculi brevitas proceritasque differentiam habet.

rigen Steineichen, nämlich die Kermeseichen (Quercus coccifera). Die Eichel einer jeden von beiden ist kürzer und zierlicher, die Homer »Aculon« nennt und mit diesem Namen von der (gewöhnlichen) Eichel unterscheidet.[146] Man leugnet, dass männliche Steineichen (Quercus coccifera *var. calliprinos*)[147] Früchte tragen.

(20) Die Eichel ist am besten und größten bei der Stieleiche, dann bei der Breitblättrigen Eiche. Denn die der Traubeneiche ist klein, die der Zerreiche unansehnlich und struppig, mit stacheligem Fruchtbecher wie bei Esskastanien (Castanea sativa). Aber auch bei den Stieleichen gibt es einige Eicheln, die süßfrüchtiger sind, und zwar weicher die der weiblichen, die der männlichen härter. Am meisten aber werden die der Breitblättrigen Eichen[148] für brauchbar erachtet, die aufgrund eines typischen Merkmals »breitblättrig« genannt wurden. Sie (die Eicheln) unterscheiden sich voneinander durch Dicke und Feinheit der Schale, ebenso dadurch, dass einige darunter eine von Rost raue Haut tragen, andere unmittelbar den weißen Körper zeigen.

(21) Untersucht wird auch die Eiche, in deren Eichel sich auf beiden Seiten an den äußersten Spitzen eine steinerne Verhärtung bildet; brauchbarer ist diejenige, bei der das an der Schale geschieht statt im Fleischkörper, beides nur in männlichen Exemplaren.[149] Außerdem haben einige Eicheln eiförmige, andere runde, wieder andere eine spitzer zulaufende Form, wie auch die Farbe dunkler oder heller ist; diese wird bevorzugt. Bitterer Geschmack findet sich an den äußersten Enden, in der Mitte sind sie süß. Ja sogar Kürze und Länge des Fruchtstiels unterscheiden sich.

(22) in ipsis vero arboribus quae maximam fert hemeris vocatur, brevior et in orbem comosa alasque ramorum crebro cavata. fortius lignum quercus habet et incorruptius, ramosa et ipsa, procerior tamen et crassior caudice, excelsissima autem aegilops, incultis amica.

(23) ab hac proxima latifoliae proceritas, sed minus utilis aedificiis atque carboni: dolata vitiis obnoxia est, quamobrem solida utuntur; carbo in aerariorum tantum officinis compendio, quoniam desinente flatu protinus emoriens saepius recoquitur, cetero plurimus scintillis. idem e novellis melior. acervi consertis taleis recentibus luto caminantur, accensa strue contis pungitur durescens calyx atque ita sudorem emittit.

(24) pessima et carboni et materiae haliphloeos dicta, cui crassissimus cortex atque caudex et plerumque cavus fungosusque. nec alia putrescit ex hoc genere, etiam cum vivit. quin et fulmine saepissime icitur, quamvis altitudine non excellat. ideo ligno eius nec ad sacrificia uti fas habetur. eidem rara glans et, cum tulit, amara, quam praeter sues nul-

(22) Unter den Eichen selbst aber heißt die, die die längsten Eicheln trägt, Färbereiche (Quercus infectoria); sie ist niedriger von Wuchs, hat eine runde Laubkrone und ist am Ansatz der Zweige oft ausgehöhlt.[150] Stärkeres Holz hat die Stieleiche und auch unverderblicheres; reich verzweigt ist sie auch selbst, jedoch höher und dicker im Stamm. Die höchste aber ist die Georgische Traubeneiche (Quercus petraea *subsp. iberica*), eine Freundin unkultivierten Geländes.[151]

(23) Danach die nächste Höhe ist die der Breitblättrigen Eiche; sie ist aber weniger brauchbar für Gebäude und für Kohle. Behauen ist sie Verderbnissen ausgesetzt, daher braucht man sie im Ganzen. Ihre Kohle ist nur in den Werkstätten der Schmiede von Vorteil, weil sie bei Stillstand des Blasebalgs sofort verlöscht und öfter wieder entzündet werden kann, im Übrigen aber sehr reich an Funken ist. Die Kohle von jungen Bäumen ist besser. Nachdem junge Stämmchen aneinandergereiht worden sind, werden die Haufen mit Lehm kaminartig überwölbt; nach Anzünden des Meilers wird mit Stangen die hart werdende Lehmhülle durchstochen, und so lässt er die Feuchtigkeit heraus.

(24) Die schlechteste sowohl für Kohle als auch für Bauholz ist die sogenannte »Haliphloeos« (Cerrus, Quercus cerris), die eine sehr dicke Rinde und einen ebensolchen Stamm hat und meistens hohl und lockerporig ist. Keine andere wird morsch aus der Gattung der Eichen, sogar wenn sie noch lebt. Ja, sie wird sogar sehr oft vom Blitz getroffen, obgleich sie sich an Höhe nicht hervortut. Daher wird es auch nicht für zulässig gehalten, ihr Holz für Opfer zu verwenden. Sie hat selten Eicheln, und immer, wenn sie welche hatte, sind sie bitter, und außer Schweinen rührt

lum attingat animal, ac ne hae quidem, si aliud pabulum habeant. hoc quoque inter reliqua neglectae religionis est, quod emortuo carbone sacrificatur.

(25) glans fagea suem hilarem facit, carnem cocibilem ac levem et utilem stomacho; iligna suem angustam, nitidam, strigosam; ponderosam querna, diffusam, gravissima et ipsa glandium atque dulcissima. proximam huic cerream tradit Nigidius, nec ex alia solidiorem carnem, sed duram. iligna temptari sues, nisi paulatim detur. hanc novissimam cadere. fungosam carnem fieri aesculo, robore, subere.

(26) quae glandem ferunt, omnes et gallam alternisque annis glandem, sed gallam hemeris optimam et coriis perficiendis aptissimam, similem huic latifolia, sed leviorem multoque minus probatam. fert et nigram – duo enim genera sunt –; haec tinguendis lanis utilior.

(27) nascitur autem galla sole de geminis exeunte erumpens noctu semper universa. crescit uno die candidior et, si aestu excepta est, arescit protinus neque ad iustum incre-

kein Tier sie an, und nicht einmal diese, wenn sie anderes Futter haben. Noch ein Grund neben den übrigen, sie von religiösen Handlungen auszuschließen, ist, dass ihre Kohle beim Opfer erlischt.

(25) Bucheckern machen Schweine munter, machen ihr Fleisch schnell gar und leicht verdaulich sowie zuträglich für den Magen. Die Eicheln der Steineiche machen das Schwein schlank, hellhäutig und mager; die der Stieleiche machen es schwer und dick, am schwersten unter den Eicheln sind auch sie selbst und (für Schweine) am angenehmsten. Nigidius[152] überliefert, dass dieser die Zerreiche am nächsten stehe, und nicht von einer anderen gebe es festeres Fleisch, sondern hartes. Durch die der Steineiche nähmen die Schweine Schaden, wenn sie nicht nach und nach gegeben würden. Diese fielen zuletzt (im Winter). Locker werde das Fleisch durch die der Breitblättrigen Eiche, der Traubeneiche und der Korkeiche.

(26) Die Eichen haben sämtlich auch Galläpfel und tragen Eicheln nur eins um das andere Jahr, doch die besten Galläpfel hat die Färbereiche und die für das Gerben von Leder am meisten geeigneten.[153] Dieser ähnlich sind die der Breitblättrigen Eiche, doch sind sie glatter und viel weniger geschätzt. Sie bringt auch die dunkelbraunen Galläpfel hervor – zwei Arten gibt es ja –, und diese sind brauchbarer für das Färben von Wolle.[154]

(27) Es entstehen aber Galläpfel, wenn die Sonne aus dem Sternbild der Zwillinge herausgeht (Ende Juni), bei Nacht immer alle auf einmal. Es wachsen an einem einzigen Tag die weißen heran, und wenn sie von Sonnenhitze getroffen werden, trocknen sie sofort aus und gelangen nicht zu normalem Wachstum, das heißt, dass sie Kerne von der Größe

mentum pervenit, hoc est ut nucleum fabae magnitudine habeat. nigra diutius viret crescitque, ut interdum mali compleat magnitudinem. optima Commagena, deterrima ex robore. signum eius quod cavernae tralucent.

(28) robur praeter fructum plurima et alia gignit. namque fert et gallae utrumque genus et quaedam veluti mora, ni distarent arida duritie, plerumque et tauri caput imitantia, quibus fructus inest nucleis olivae similis. nascuntur in eo et pilulae nucibus non absimiles, intus habentes floccos molles, lucernarum luminibus aptos. nam et sine oleo flagrant, sicuti galla nigra. fert et aliam inutilem pilulam cum capillo, verno tamen tempore melliginis suci.

(29) gignunt et alae ramorum eius pilulas corpore, non pediculo adhaerentes, candicantes umbilicis, cetera nigra varietate dispersa; media cocci colorem habent, apertis atra inanitas est. aliquando et pumices gignit nec non et e foliis convolutas pilulas et in foliorum venis aquosos nucleos candicantes ac tralucidos, quamdiu molles sint, in quibus et culices nascuntur. maturescunt in modum ⟨parvae levis gallae⟩.

(30) ferunt robora et cachrym; ita vocatur pilula in medicina urendi vim habens. gignitur et in abiete, larice, picea,

einer Bohne bilden. Die dunkelbraunen bleiben länger grün und wachsen so, dass sie zuweilen die Größe eines Apfels erreichen.[155] Die besten stammen aus Kommagene (Südostanatolien), die schlechtesten von der Traubeneiche. Man erkennt sie an Löchern, die Licht durchlassen.

(28) Die Flaumeichen[156] bringen außer den Früchten sehr viel anderes hervor, denn sie tragen sowohl beide Arten von Gallen und einige Gallen wie Maulbeeren, wenn sie von diesen nicht durch trockene Härte unterschieden wären,[157] und oft auch solche, die einem Stierkopf gleichen und innen eine Frucht enthalten, die Olivenkernen ähnlich sieht.[158] Es entstehen darin auch Kügelchen, Nüssen nicht unähnlich, die innen Filz haben, der für Lampendochte geeignet ist. Denn sie brennen auch ohne Öl wie der dunkelbraune Gallapfel. Sie trägt auch ein anderes unbrauchbares haariges Kügelchen, das aber im Frühling Honigsaft hat.

(29) Es erzeugen auch die Astgabeln kleine Galläpfel, die unmittelbar am Holz, nicht an Stielen hängen, indem sie am Nabel weißlich schimmern, sonst aber mit schwarzen Flecken gesprenkelt sind. In der Mitte haben sie eine Purpurfarbe, und wenn man sie öffnet, einen schwarzen Hohlraum. Bisweilen erzeugt der Baum auch etwas Bimssteinartiges und ebenso auch wie aus Blättern zusammengerollte kleine Gallen und auf den Blattadern wässrige Kerne, weißlich und durchscheinend, solange sie weich sind, in denen auch Gallwespen entstehen. Sie reifen nach Art (der kleinen glatten Galläpfel).

(30) Es tragen die Traubeneichen auch »Winterknospen«; so nennt man die Pillen, die in der Medizin verwendet werden, um erwärmende Wirkung zu erzeugen (vgl. 24,101). Sie entstehen auch an der Tanne, Lärche, Fichte, Linde,

tilia, nuce, platano, postquam folia cecidere, hieme durans. continet nucleum pineis similem. is crescit hieme, aperitur vere. pilula tota cadit, cum folia coepere crescere.

(31) tam multifera sunt, tot res praeter glandem pariunt robora, sed et boletos suillosque – gulae novissima inritamenta –, qui circa radices gignuntur, quercus probatissimos, robur autem et cupressus et pinus noxios. robora ferunt et viscum et mella, ut auctor est Hesiodus, constatque rores melleos e caelo, ut diximus, cadentes non aliis magis insidere frondibus. crematoque robore cinerem nitrosum esse certum est.

(32) omnes tamen has eius dotes ilex solo provocat cocco. granum hoc primoque ceu scabies fruticis, parvae aquifoliae ilicis. cusculium vocant. pensionem alteram tributi pauperibus Hispaniae donat. usum eius ac rationem in conchylii mentione tradidimus. gignitur et in Galatia, Africa, Pisidia, Cilicia, pessimum in Sardinia.

(33) Galliarum glandiferae maxime arbores agaricum ferunt. est autem fungus candidus, odoratus, antidotis efficax, in summis arboribus nascens, nocte relucens. signum

Walnuss und Platane, nachdem die Blätter gefallen sind, indem sie den Winter überdauern. Sie enthalten Kerne, die Piniennüssen ähnlich sind. Diese wachsen im Winter, öffnen sich im Frühling. Die (Schuppen der) Knospen[159] fallen ganz ab, sobald die Blätter angefangen haben zu wachsen.

(31) So viele Produkte bringen sie hervor, so viele Dinge außer den Eicheln erzeugen die Eichen! Außerdem aber auch Speisepilze und Trüffel – die neuesten Reizmittel der Schlemmerei –, die rings um ihre Wurzeln wachsen, die Stiel- und Flaumeiche die besten, die Traubeneiche aber und die Zypresse und die Kiefer (auch) schädliche. Die Traubeneichen bringen sowohl die Eichenmistel (Loranthus europaeus)[160] als auch, wie Hesiod (*Erga kai hemerai* 232 f.) mitteilt, Honig hervor; und es steht fest, dass der Honigtau, der – wie ich gesagt habe (11,30) – aus dem Himmel fällt, nicht in größerer Menge an den Blättern anderer Baumarten kleben bleibt. Ferner steht fest, dass nach Verbrennung der Traubeneiche die Asche viel Nitrat ergibt.[161]

(32) Doch alle diese ihre Gaben übertrifft die Kermeseiche allein durch die Scharlachbeere. Ein Körnchen ist das, und es erscheint anfangs wie Krätze am Strauch der niedrigbleibenden[162] stachelblättrigen Kermeseiche. Man nennt es »Scharlachbeere«.[163] Sie schenkt den Armen Spaniens einen Teil ihrer Tributabgabe. Ihre Verwendungsweise (für Farbstoff) habe ich bei der Erwähnung der Purpurschnecke geschildert (9,141). Sie entsteht auch in Galatien, Afrika, Pisidien, Kilikien und am schlechtesten in Sardinien.

(33) Vor allem die Eichen der gallischen Provinzen bringen den Ölbaumpilz hervor. Es ist ein hell glänzender Pilz, duftend, in Gegengiften wirksam, auf den höchsten Bäumen wachsend, wobei er nachts Licht abstrahlt.[164] Das ist

hoc eius, quo in tenebris decerpitur. e glandiferis sola quae vocatur aegilops fert pannos arentes, muscoso villo canos, non in cortice modo, verum et e ramis dependentes cubitali magnitudine, odoratos, uti diximus inter unguenta.

(34) suberi minima arbor, glans pessima, rara, cortex tantum in fructu, praecrassus ac renascens atque etiam in denos pedes undique explanatus. usus eius ancoralibus maxime navium piscantiumque tragulis et cadorum obturamentis, praeterea in hiberno feminarum calceatu. quamobrem non infacete Graeci corticis arborem appellant. sunt et qui feminam ilicem vocent atque, ubi non nascitur ilex, pro ea subere utantur in carpentariis praecipue fabricis, ut circa Elim et Lacedaemonem. nec in Italia tota nascitur aut in Gallia omnino.

(35) cortex et fagis, tiliae, abieti, piceae in magno usu agrestium. vasa eo corbesque ac patentiora quaedam messibus convehendis vindemiisque faciunt atque protecta tuguriorum. scribit in recenti ad duces explorator incidens litteras a suco. nec non et in quodam usu sacrorum religiosus est fagi cortex. sed non durat arbor ipsa.

sein Erkennungszeichen, weshalb er in der Dunkelheit geerntet wird. Von den Eichen trägt allein die, die »Ägilops« genannt wird (16,22*), die dürren Lappen (der Bartflechten), von bemoosten Zotten weißgrau, nicht nur an der Rinde, sondern auch von den Ästen herabhängend, von der Länge einer Elle (44 cm), duftend, wie wir bei den Salben gesagt haben (12,108).[165]

(34) Die Korkeiche (Quercus suber)[166] bildet einen sehr kleinen Baum, die Eichel ist äußerst schlecht und selten, nur die Rinde wird gebraucht; sie ist sehr dick, erneuert sich ständig und ergibt sogar zehn Fuß (fast 3 m) nach allen Seiten ausgedehnte Platten. Man braucht sie vor allem für Ankertaue der Schiffe, für Schleppnetze der Fischer und für Stöpsel für Tonfässer, außerdem für die Winterschuhe der Frauen. Daher nennen die Griechen ihn nicht unklug »Rindenbaum« (»Phellodrys«). Es gibt auch Leute, die ihn »weibliche Ilex« nennen und die dort, wo die Kermeseiche[167] nicht wächst, an ihrer Stelle die Korkeiche vor allem in Werkstätten zur Verfertigung von Wagen benutzen, wie rings um Elis und Sparta (auf der Peloponnes).[168] Sie wächst nicht überall in Italien, und in Gallien überhaupt nicht.

(35) Die Rinde auch von Buchen, Linde, Tanne und Fichte ist bei den Landleuten vielfältig in Gebrauch. Gefäße und Körbe, auch einige breiter geöffnete, um die Getreide- und Weinernte einzubringen, machen sie daraus, ferner Dachschindeln ihrer Hütten. Ein Kundschafter schreibt auf frischer Rinde an seine Kommandanten, indem er Buchstaben bis auf das Kambium einritzt. Und sogar bei bestimmten Opferbräuchen gehört Buchenrinde zu den religiösen Riten. Aber der (entrindete) Baum selbst überlebt nicht.

(36) scandula e robore aptissima, mox e glandiferis aliis fagoque, facillima ex omnibus, quae resinam ferunt, sed minime durans praeterquam e pino. scandula contectam fuisse Romam ad Pyrrhi usque bellum annis CCCCLXX Cornelius Nepos auctor est.

(37) silvarum certe distinguebatur insignibus, Fagutali Iove etiam nunc ubi lucus fageus fuit, porta Querquetulana, colle in quem vimina petebantur, totque lucis, quibusdam et geminis. Q. Hortensius dictator, cum plebes secessisset in Ianiculum, legem in Aesculeto tulit, ut quod ea iussisset omnes Quirites teneret.

(38) peregrinae tum videbantur, quoniam non erant suburbanae, pinus atque abies omnesque, quae picem gignunt. de quibus nunc dicemus, simul ut tota condiendi vina origo cognoscatur, quae ferunt in Asia aut Oriente praedictis.

picem in Europa sex genera cognatarum arborum ferunt. ex his pinus atque pinaster folium habent capillamenti mo-

(36) Schindeln aus der Traubeneiche sind die geeignetsten, dann die aus anderen Eichenarten und aus der Buche. Am leichtesten macht man sie aus allen Bäumen, die Harz liefern, doch sie halten nicht lange, ausgenommen die aus der Pinie (Pinus pinea). Dass Rom mit Holzschindeln gedeckt war bis zum Krieg des Pyrrhus (280–275 v. Chr.) 470 Jahre lang, bezeugt Cornelius Nepos (im 1. Jh. v. Chr.).

(37) Die Stadt wurde klar gegliedert durch die Namen der Wälder: durch den Jupiter Fagutalis auch heute noch, wo ein Buchenhain gewesen ist, durch die Porta Quercuetulana (»Eichentor«), durch den Hügel (»Viminalis«), auf dem man Weidenzweige (*vimina*) holte, und durch so viele Haine, von denen einige sogar zweifach vorhanden sind. Der Diktator Quintus Hortensius beantragte, als das Volk auf das Janiculum gezogen war (um 287 v. Chr.), ein Gesetz im Hain der Breitblättrigen Eichen (»Äsculetum«), dass das, was dieses Gesetz befohlen habe, alle Quiriten binde.[169]

16,38–46 Nadelbäume zur Pech- und Harzgewinnung[170]

(38) Als ausländische Bäume erschienen damals, weil sie nicht in der Nähe der Stadt Rom wuchsen, PINIE (Pinus pinea) und TANNE (Abies alba) und alle, die Pech erzeugen. Über diese will ich nun sprechen, so dass zugleich der ganze Ursprung der Konservierung der Weine[171] kenntlich wird; über die, die in Kleinasien oder im Orient Pech erzeugen, ist schon zuvor gesprochen worden (14,122 f.).

Pech liefern in Europa sechs Arten verwandter Bäume: Von diesen haben die Pinien und die Strandkiefer (Pinus pinaster) Blätter nach Art von Haaren, sehr dünne, lange und

do praetenue longumque et mucrone aculeatum. pinus fert minimum resinae, interdum et nucibus ipsis, de quibus dictum est, vixque ut adscribatur generi.

(39) pinaster nihil est aliud quam pinus silvestris minor altitudine et a medio ramosa, sicut pinus in vertice. copiosiorem dat haec resinam quo dicemus modo. gignitur et in planis. easdem arbores alio nomine esse per oram Italiae quas tibulos vocant, plerique arbitrantur, sed graciles succinctioresque et enodes liburnicarum ad usus, paene sine resina.

(40) picea montes amat atque frigora, feralis arbor et funebri indicio ad fores posita ac rogis virens, iam tamen et in domos recepta tonsili facilitate. haec plurimam fundit interveniente candida gemma, tam simili turis, ut mixta visu discerni non queat; unde fraus Seplasiae.

(41) omnibus his generibus folia brevia, sed crassiora duraque ceu cupressis. piceae rami paene statim ab radice modici velut bracchia lateribus inhaerent. similiter abieti

mit einer Stachelspitze stechende. Die Pinie bringt nur sehr wenig Harz hervor, bisweilen auch an den Zapfen selbst, über die bereits gesprochen wurde (15,35), und zwar so wenig, dass man sie kaum dieser Gruppe zuschreiben kann.

(39) Die Strandkiefer ist nichts anderes als eine wilde Kiefer, geringer an Höhe und von der Mitte an beastet wie eine Pinie im Wipfel. Diese gibt reichlicher Harz auf die Weise, von der wir bald sprechen werden (16,57). Sie wächst auch in den Ebenen. Dieselben Bäume unter einem anderen Namen seien die, die man überall an der Küste Italiens »Tibuli« nennt, glauben sehr viele Leute, doch sind diese schlank mit kürzerer Krone und astfrei zum Gebrauch für die liburnischen Schiffe, beinahe ohne Harz.[172]

(40) Die FICHTE (Picea abies) liebt das Gebirge und die Kälte; sie ist ein Totenbaum, und zum Anzeigen eines Todesfalls wird sie vor die Türe gestellt, und sie grünt für die Scheiterhaufen; dennoch wird sie auch schon in die Häuser (in die Innenhöfe) aufgenommen wegen ihrer leichten Beschneidbarkeit. Diese bringt das meiste Harz hervor, in dem mitunter weiße Harztropfen vorkommen, die dem Weihrauch so ähnlich sehen, dass sie, ihm beigemischt, vom Aussehen nicht unterschieden werden können. Daraus entstehen die auf dem Seplasia-Marktplatz (in Capua) verfälschten Parfüms.

(41) Alle derartigen Baumarten haben kurze Nadeln, aber dickere und harte wie Zypressen. Die Äste der Fichte sind fast sogleich von der Wurzel an nicht sonderlich lang und hängen beidseitig wie Arme herab. In ähnlicher Weise (wie die Fichte) hat die für die Schiffahrt begehrte TANNE (Abies *spp.*) ihr Biotop auf den Höhen der Gebirge, als ob sie vor dem Meer flöhe, und sie hat keine andere äußere Gestalt.

expetitae navigiis situs in excelso montium, ceu maria fugerit, nec forma alia.

(42) materies vero praecipua est trabibus et plurimis vitae operibus. resina in ea vitium, unde fructus piceae, exiguumque sudat aliquando contactu solis. e diverso materies, quae abieti pulcherrima, piceae ad fissiles scandulas cupasque et pauca alia secamenta.

(43) quinto generi est situs idem, facies eadem. larix vocatur. materies praestantior longe, incorrupta aevis, umori contumax, rubens praeterea et odore acrior. plusculum huic erumpit liquoris melleo colore atque lentore, numquam durescentis.

(44) sextum genus est taeda proprie dicta, abundantior suco quam reliqua, parcior liquidiorque quam picea, flammis ac lumini sacrorum etiam grata. hae, mares dumtaxat, ferunt et eam, quam Graeci sycen vocant, odoris gravissimi. laricis morbus est ut taeda fiat.

(45) omnia autem haec genera accensa fuligine inmodica carbonem repente exspuunt cum eruptionis crepitu eiaculanturque longe, excepta larice, quae nec ardet nec carbonem facit nec alio modo ignis vi consumitur quam lapides.

(42) Ihr Stammholz aber eignet sich hervorragend für Balken und sehr viele Werke des täglichen Lebens. Harz, woraus bei der Fichte der Gewinn entsteht, ist bei ihr ein Fehler, und nur wenig schwitzt sie bisweilen aus durch Einwirken der Sonne. Im Kontrast ist das Holz, das an der Tanne das wertvollste ist, bei der Fichte nur gut für gespaltene Dachschindeln, Holzfässer und wenige andere Spaltarbeiten.

(43) Die fünfte Art hat denselben Biotop und dasselbe Aussehen. Sie wird LÄRCHE (Larix decidua) genannt. Ihr Holz ist bei Weitem besser, über Jahrhunderte unversehrt, widerstandsfähig gegen Feuchtigkeit, überdies rötlich und im Geruch ziemlich durchdringend. Etwas mehr Harz von honigartiger Farbe und Viskosität bricht aus ihr hervor, das aber nie hart wird.[173]

(44) Die sechste Art wird im eigentlichen Sinne »Kienholzbaum« genannt (ZIRBELKIEFER, Pinus cembra), ist reicher an Harz als die übrigen, hat aber weniger und flüssigeres als die Fichte, willkommen auch für Feuer und Licht bei Opfern. Diese Bäume – genau genommen nur die männlichen – erbringen auch das, was die Griechen »Kienspan« nennen mit sehr starkem Geruch.[174] Eine Krankheit der Lärche besteht darin, dass sie zu (harzreichem) Kienholz wird.

(45) Aber alle diese Koniferen sprühen, wenn man sie anzündet, unter übermäßiger Rauchentwicklung unvermittelt Kohlen (in Form von Funken) mit lautem Geknister um sich und schleudern sie weit weg, ausgenommen das Lärchenholz, das weder brennt noch Kohle gibt, noch auf andere Weise durch die Kraft des Feuers aufgezehrt wird wie Steine. Alle diese Arten sind immergrün[175] und kön-

omnia ea perpetuo virent nec facile discernuntur in fronde etiam a peritis; tanta natalium mixtura est.

(46) sed picea minus alta quam larix; illa crassior leviorque cortice, folio villosior, pinguior et densior, mollius flexo; at piceae rariora siccioraque folia et tenuiora ac magis algentia, totaque horridior et perfusa resina, lignum abieti similius. larix ustis radicibus non repullulat, picea repullulat, ut in Lesbo accidit incenso nemore Pyrrhaeo.

(73) nunc celeberrimis arborum dictis quaedam in universum de cunctis indicanda sunt. montes amant cedrus, larix, taeda et ceterae, e quibus resina gignitur, item aquifolia, buxus, ilex, iuniperus, terebinthus, opulus, ornus, carpinus. est in Appennino et frutex, qui vocatur cotinus, ad linamenta modo conchylii colore insignis.

(74) montes et valles diligit abies, robur, castaneae, tilia, ilex, cornus. aquosis montibus gaudent acer, fraxinus, sor-

nen an ihren Nadeln selbst von Fachleuten nicht leicht unterschieden werden: So groß sind die Verwechslungsmöglichkeiten verwandter Arten!

(46) Aber die Fichte ist weniger hoch als die Lärche; diese ist dicker und glatter in der Rinde, die Nadeln sind gebüschelter, saftreicher und dichter, weicher gebogen. Die Fichte dagegen hat mehr einzelnstehende, trockenere, dünnere sowie frosthärtere Nadeln; im Ganzen sind sie stacheliger und mit Harz überzogen, das Holz dem der Tanne ähnlicher. Die Lärche schlägt nicht wieder aus, wenn die Wurzeln verbrannt sind; die Fichte schlägt wieder aus, wie es auf Lesbos sich ereignete, als der Wald bei Pyrrha abgebrannt war.[176]

16,73–78 Bäume und ihre Biotope

(73) Nachdem wir die berühmtesten Bäume besprochen haben, sollen nun über alle insgesamt allgemeine Informationen mitgeteilt werden: Berge lieben Zeder, Lärche, Zirbelkiefer und die Übrigen, die Harz ausscheiden, ebenso Stechpalme (Ilex aquifolium), Buchsbaum (Buxus sempervirens), Steineiche, Wacholder (Juniperus *spp.*), Terebinthe (Pistacia terebinthus), Schneeballblättriger Ahorn (Acer opalus), Mannaesche (Fraxinus ornus) und Hainbuche (Carpinus betulus). Es gibt im Apennin auch einen Strauch, der »Cotinus« heißt (Perückenstrauch, Cotinus coggygria), der sich als Färbemittel für Leinentextilien nach Art der aus Schnecken gewonnenen Purpurfarbe auszeichnet.

(74) Gebirge und Täler lieben Tanne, Traubeneiche, Esskastanie, Linde (Tilia *ssp.*), Steineiche und Kornelkirsche

bus, tilia, cerasus. non temere in montibus visae sunt prunus, punicae, oleastri, iuglans, mori, sabuci. descendunt et in plana cornus, corylus, quercus, ornus, acer, fraxinus, fagus, carpinus. subeunt et in montuosa ulmus, malus, pirus, laurus, myrtus, sanguinei frutices, ilex tinguendisque vestibus nascentes genistae. gaudet frigidis sorbus, sed magis etiam betulla.

(75) Gallica haec arbor mirabili candore atque tenuitate, terribilis magistratuum virgis, eadem circulis flexilis, item corbium costis. bitumen ex ea Galliae excoquunt. in eosdem situs comitantur et spina, nuptiarum facibus auspicatissima, quoniam inde fecerint pastores qui rapuerunt Sabinas, ut auctor est Masurius. nunc facibus carpinus, corylus familiarissimae.

(76) aquas odere cupressi, iuglandes, castaneae, laburnum. alpina et haec arbor, nec vulgo nota, dura ac candida

(Cornus mas). Über wasserreiche Gebirge freuen sich Bergahorn (Acer pseudoplatanus), Gewöhnliche Esche (Fraxinus excelsior), Eberesche (Sorbus aucuparia), Linde und Vogelkirsche (Prunus avium). Nicht so ohne Weiteres sah man auf Gebirgen Pflaumenbäume (Prunus cerasifera), Granatäpfel (Punica granatum), Wilde Ölbäume (Olea europaea *var. sylvestris*), Walnuss (Juglans regia), Maulbeeren und Attich (Sambucus ebulus). Es steigen auch in die Ebenen hinab Kornelkirsche, Haselnuss, Traubeneiche, Mannaesche, Feldahorn (Acer campestre), Gewöhnliche Esche (Fraxinus excelsior), Rotbuche und Hainbuche. Auch in untere Berggegenden steigen hinauf Ulme, Wildapfel (Malus sylvestris), Wildbirne (Pyrus pyraster), Lorbeer, Myrte, Roter Hartriegel (Cornus sanguinea), Steineiche und Färberginster (Genista tinctoria), der zum Färben von Kleidern gedeiht. Es erfreuen sich kalter Gegenden die Eberesche (Sorbus aucuparia), aber noch mehr die Gewöhnliche Birke (Betula pendula).

(75) Dies ist ein gallischer Baum mit auffallend weißer Rinde und dünnen Zweigen, schreckenerregend als Rutenbündel der Magistrate. Ihre Zweige lassen sich zu Reifen biegen, ebenso zu Rippen von Körben. Teer kochen die Bewohner der gallischen Provinzen aus ihr. An die gleichen Biotope begleitet sie auch der Zweigrifflige Weißdorn (Crataegus laevigata), der für Hochzeitsfackeln besonders glückbedeutend ist, weil sie die Hirten, die die Sabinerinnen raubten, daraus herstellten, wie Masurius[177] berichtet. Jetzt nimmt man für Fackeln gewöhnlich Hainbuche und Haselnuss.

(76) Wasser hassen Zypressen, Walnüsse, Esskastanien und Alpengoldregen (Laburnum alpinum). Auch dies ist

materie, cuius florem cubitalem longitudine apes non adtingunt. odit et quae appellatur Iovis barba, in opere topiario tonsilis et in rotunditatem spissa, argenteo folio.

(77) non nisi in aquosis proveniunt salices, alni, populi, siler, ligustra tesseris utilissima, item vaccinia Italiae in aucupiis sata, Galliae vero etiam purpurae tinguendae causa ad servitiorum vestes. quaecumque communia sunt montibus planisque, maiora fiunt et aspectu pulchriora quae in campestribus, meliora autem fructu, materie crispiora quae in montibus, exceptis malis pirisque.

(78) praeterea arborum aliis decidunt folia, aliae sempiterna coma virent, quam differentiam antecedat necesse est prior. sunt enim arborum quaedam omnino silvestres, quaedam urbaniores, quoniam his placet nominibus distinguere ac mites, quae fructu aut aliqua dote umbrarumque officio humanius iuvant, non improbe dicantur urbanae.

ein in den Alpen wachsender Baum, aber er ist nicht allgemein bekannt. Er hat hartes, weißes Holz; seine Blütentrauben von der Länge einer Elle (44 cm) berühren die Bienen nicht. Wasser verabscheut auch der sogenannte Jupiterbart (Anthyllis barba-jovis), der in der Gartenkunst sich beschneiden lässt, sich zur Kugelform verdichtet und ein silbrig behaartes Blatt hat.

(77) Nur an wasserreichen Standorten kommen vor: Silberweiden (Salix alba), Schwarzerlen (Alnus glutinosa), Schwarzpappeln (Populus nigra), Dotterweide (Salix alba *subsp. vitellina*)[178] und Liguster (Ligustrum vulgare), der am besten geeignet ist für Einlegearbeiten; ferner die Heidelbeere (Vaccinium myrtillus), die man in Italien zum Vogelfang pflanzt, in Gallien aber auch, um die Kleider der Sklaven purpurn zu färben. Alle Bäume, die Bergen und Ebenen gemeinsam sind, werden größer und vom Aussehen schöner, wenn sie auf Feldern (in der Ebene) wachsen. Besser dagegen in ihrer Frucht und im Holz mehr gemasert, wenn sie in den Bergen stehen, mit Ausnahme von Apfel- und Birnbäumen.

(78) Außerdem fallen von einem Teil der Bäume die Blätter ab, andere haben immergrünes Laub, ein Unterschied, dem notwendigerweise ein anderer vorausgeht: Einige Bäume kommen nämlich überhaupt nur wild vor, andere mehr in Kultur, da man sie ja gerne nach diesen Attributen unterscheidet. Diese zahmen Bäume, die durch ihre Frucht oder irgendeine andere Gabe und durch die Gabe ihres Schattens Menschen besonders erfreuen, kann man nicht zu Unrecht »zivilisierte« nennen.[179]

(93) ordo autem naturae annuus ita se habet: primus est conceptus flare incipiente vento favonio, ex a. d. fere VI Idus Febr. hoc maritantur vivescentia e terra, quippe cum etiam equae in Hispania, ut diximus. hic est genitalis spiritus mundi a fovendo dictus, ut quidam existimavere. flat ab occasu aequinoctiali ver inchoans.

(94) catlitionem rustici vocant, gestiente natura semina accipere eaque animam ferente omnibus satis. concipiunt variis diebus et pro sua quaeque natura alia protinus, ut animalia, tardius aliqua et diutius gravida partus gerunt, quod germinatio ideo vocatur. pariunt vero, cum florent, flosque ille ruptis constat utriculis; educatio in pomo est.

(95) hoc et germinatio labor arborum, flos est pleni veris indicium et anni renascentis, flos gaudium arborum. tunc se novas aliasque quam sunt ostendunt, tunc variis colorum picturis in certamen usque luxuriant. sed hoc negatum plerisque; non enim omnes florent, et sunt tristes quaedam

16,93–96 *Lobpreis des Frühlings: die Befruchtung*

(93) Die jährliche Ordnung der Natur verhält sich folgendermaßen: Das Erste ist die Empfängnis, wenn der laue Westwind (*favonius*) anfängt zu wehen, etwa um den sechsten Tag vor den Iden des Februar (also am 8. Februar). Durch ihn wird das, was aus der Erde zum Leben erwacht, geschwängert, zumal das sogar bei den Stuten in Spanien passiert, wie ich gesagt habe (8,166).[180] Dies ist der befruchtende Atem der Welt, der seinen Namen von *fovere* (»wärmen«, »bebrüten«) hat, wie manche geglaubt haben. Er weht zur Zeit der Tag- und Nachtgleiche von Westen und leitet den Frühling ein.

(94) Brunstzeit nennen es die Bauern, wenn die Natur sich begierig danach sehnt, Samen zu empfangen, und wenn sie allem, was ausgesät wurde, Leben bringt. Die Samen empfangen es an verschiedenen Tagen und jeder nach seiner jeweiligen Natur, einige sofort wie die Tiere, andere später, und sie tragen ihre Tracht in der Schwangerschaft länger, was man deswegen »Sprossen« nennt. Sie gebären aber, wenn sie blühen, und diese Blüten bestehen aus geborstenen Hüllen der Knospenschuppen; die Aufzucht beginnt in der Frucht.

(95) Die Frucht[181] ist zusammen mit dem Sprossen die Arbeit der Bäume. Die Blüte ist ein Anzeichen des vollen Frühlings und des sich erneuernden Jahres, die Blüte ist die Wonne der Bäume. Dann zeigen sie sich in neuem Schmuck und anders, als sie gewöhnlich sind, dann schwelgen sie im Wettstreit ohne Unterlass in bunten Farbenspielen. Doch dies ist sehr vielen versagt: Denn nicht alle blühen, und manche sind traurig, da sie die Wonnen der Jahreszeiten

quaeque non sentiant gaudia annorum. nam neque ilex, picea, larix, pinus ullo flore exhilarantur natalesve pomorum annuos versicolori nuntio promittunt, nec fici atque caprifici; protinus enim fructum pro flore gignunt. in ficis mirabiles sunt et abortus qui numquam maturescunt.

(96) nec iuniperi florent. quidam earum duo genera tradunt: alteram florere nec ferre, quae vero non floreat ferre protinus bacis nascentibus, quae biennio haereant. sed id falsum, omnibusque his dura facies semper. sic et hominum multis fortuna sine flore est.

(242) est in suburbano Tusculani agri colle, qui Corne appellatur, lucus antiqua religione Dianae sacratus a Latio, velut arte tonsili coma fagei nemoris. in hoc arborem eximiam aetate nostra amavit Passienus Crispus bis cos., orator, Agrippinae matrimonio et Nerone privigno clarior postea, osculari conplectique eam solitus, non modo cubare sub ea vinumque illi adfundere. vicina luco est ilex, et ipsa nobilis

nicht empfinden können. Denn weder die Steineiche, die Fichte, die Lärche und die Pinie erfreuen sich irgendeiner Blüte oder verheißen die jährliche Geburt der Früchte durch einen bunten Vorboten noch die Feigen und Geißfeigen (Ficus carica *var. domestica* und *var. caprificus*); denn sie bilden anstelle der Blüte sofort eine Frucht. Bemerkenswert sind bei den Feigen auch die Fehlgeburten, die niemals reif werden.[182]

(96) Auch der Wacholder blüht nicht. Manche behaupten, es gebe davon zwei Varietäten: Die eine blühe, trage aber nicht; die andere, die nicht blühe, trage, wobei sie sogleich Beeren hervorbringe, die zwei Jahre hängenbleiben.[183] Dies aber ist falsch, denn die Wacholderarten haben immer ein unauffälliges Aussehen. So ist auch bei vielen Menschen das Schicksal ohne Blüte.

16,242 Sinnliche Liebe zu einer Rotbuche

Auf einem Hügel nicht weit von Rom im Gebiet von Tusculum, der »Corne« genannt wird, befindet sich ein Hain, der in alter Verehrung von der Bevölkerung Latiums der (Jagd-)Göttin Diana geweiht ist und wie die kunstvoll beschnittene Laubkrone eines Buchenhains aussieht. Darin liebte zu meiner Zeit einen ausnehmend prächtigen Baum Passienus Crispus, der zweimalige Konsul und Redner, der durch seine Ehe mit Agrippina und durch seinen Stiefsohn Nero (reg. 54–68) später noch berühmter war. Zu küssen und zu umarmen pflegte er diesen Baum,[184] und nicht nur unter ihm zu liegen und ihn mit Wein zu begießen (vgl. 12,8*). Nahe bei diesem Hain steht eine Steineiche, die

XXXIV pedum ambitu caudicis, decem arbores emittens singulas magnitudinis visendae silvamque sola faciens.

(249) non est omittenda in hac re et Galliarum admiratio. nihil habent Druidae – ita suos appellant magos – visco et arbore, in qua gignatur, si modo sit robur, sacratius. iam per se roborum eligunt lucos nec ulla sacra sine earum fronde conficiunt, ut inde appellati quoque interpretatione Graeca possint Druidae videri. enimvero quidquid adgnascatur illis e caelo missum putant signumque esse electae ab ipso deo arboris.

(250) est autem id rarum admodum inventu et repertum magna religione petitur et ante omnia sexta luna, quae principia mensum annorumque his facit et saeculi post tricesimum annum, quia iam virium abunde habeat nec sit sui dimidia. omnia sanantem appellant suo vocabulo. sacrificio epulisque rite sub arbore conparatis duos admovent candidi coloris tauros, quorum cornua tum primum vinciantur.

ebenfalls berühmt ist, und zwar durch den Umfang ihres Stammes von 34 Fuß (etwa 10 m), von dem sie zehn Einzelstämme von sehenswerter Höhe emporschickt, so dass sie allein einen ganzen Wald bildet.

16,249–251 Die Verehrung der Mistel bei den Kelten

(249) Man darf bei diesem Thema auch nicht die hohe Wertschätzung der gallischen Provinzen für die Mistel übergehen.[185] Nichts halten die Druiden – so nennen sie ihre Priester – für heiliger als die Mistel und den Baum, auf dem sie wächst, wenn es nur eine Eiche ist. An sich schon wählen sie die heiligen Haine der Eichen aus und verrichten kein Opfer ohne deren Laub, so dass sie wohl auch deshalb nach dem griechischen Wort für Eiche (*drys*) Druiden genannt werden konnten. Ja sie glauben sogar, dass alles, was (an den Eichen) wächst, ihnen vom Himmel geschenkt und ein Zeichen sei, dass der Baum von der Gottheit persönlich erwähnt worden sei.

(250) Die Mistel ist jedoch nur sehr selten zu finden,[186] und hat man sie gefunden, wird sie mit großer ritueller Ehrfurcht aufgesucht, vorzugsweise am sechsten Tag nach dem Neumond, der bei ihnen den Anfang der Monate und Jahre angibt und den Anfang eines neuen 30 Jahre dauernden Zeitabschnitts, weil der Mond dann schon genügend Kräfte habe und doch noch nicht halb voll sei. »Die alles Heilende« nennen sie die Mistel in ihrer Sprache. Wenn sie nach dem Ritus ein Opfer und Mahlzeiten unter dem Baum vorbereitet haben, bringen sie zwei Stiere von weißer Farbe herbei, deren Hörner dann zum ersten Mal bekränzt werden.

(251) sacerdos candida veste cultus arborem scandit, falce aurea demetit, candido id excipitur sago. tum deinde victimas immolant precantes, suum donum deus prosperum faciat iis quibus dederit. fecunditatem eo poto dari cuicumque animalium sterili arbitrantur, contra venena esse omnia remedio. tanta gentium in rebus frivolis plerumque religio est.

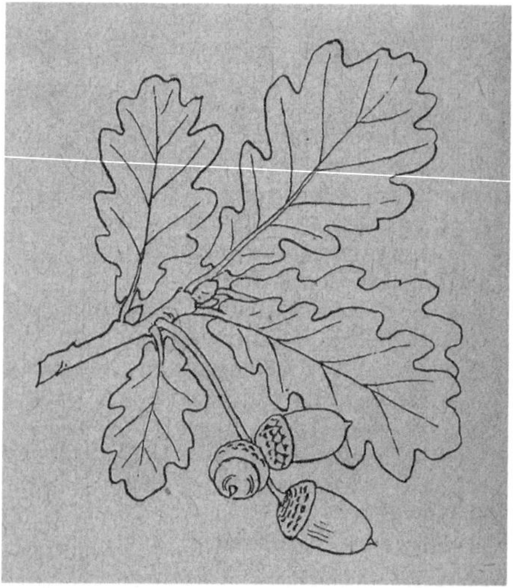

Die beiden in Mitteleuropa und auch bei den Druiden in Gallien häufigsten Eichenarten: Stieleiche (S. 146) und Traubeneiche (S. 147), gezeichnet von W. Harwerth.

(251) Ein Priester besteigt mit weißem Gewand bekleidet den Baum und schneidet die Mistel mit einem goldenen Messer ab: Sie wird in einem weißen Tuch aufgefangen. Dann schließlich schlachten sie die Opfertiere, indem sie beten, der Gott möge sein Geschenk denen, denen er es gegeben hat, zum Glück gereichen lassen. Sie glauben, dass die Mistel, in einem Getränk verabreicht, jedem unfruchtbaren Lebewesen Fruchtbarkeit verleihe, gegen alle möglichen Gifte aber ein Heilmittel sei. So groß ist in ganz banalen Sachen sehr oft die religiöse Ehrfurcht der Völker.[187]

Baumwolle: Zeichnung aus *Köhler's Medizinal-Pflanzen.* Zur Baumwolle auf Inseln im Persischen Golf siehe S. 26 f.

Anhang

Blütenzweig eines Weihrauchbaums: Zeichnung aus *Köhler's Medizinal-Pflanzen*. Zum Weihrauchbaum aus Südarabien siehe S. 28–39.

Zu dieser Ausgabe

Der lateinische Text folgt der Ausgabe von C. Mayhoff (siehe S. 183), mit folgenden Abweichungen:

	Mayhoff	Reclam
12,5	promissa	praemissa
12,10	laxeque	laxisque
12,22	eximia pomo	exilia poma habet
12,91	torpet	cortex
13,28	misceat	misceatur
	frutice	fruticem
15,9	ab Arcturi exortu	ad Arcturi exortum
15,127	ac victores Delphis coronare	hac victores Delphis coronari
16,1	ultro ab	ultro sive ab
16,29	⟨…⟩	⟨parvae levis gallae⟩ (Ergänzung der Lücke nach Theophrast, *Historia plantarum* 3,7,5)
16,73	populus	opulus (P. Fournier)
16,95	haec	hoc

In der Übersetzung werden die botanischen Bezeichnungen angegeben. Die Namen von Arten, die in Europa vorkommen, richten sich hierbei nach Tutin [u. a.] 1964–80, diejenigen von Arten des Vorderen Orients nach Davis 1965–88. Bei dort nicht vorkommenden Pflanzen werden bei der Ersterwähnung die Autorennamen genannt.

*	kennzeichnet Stellen, die in dieser Ausgabe enthalten sind.
(…)	kürzere Ergänzungen, die das Textverständnis erleichtern bzw. Zusatzinformationen geben
[…]	Auslassungen im Text
⟨…⟩	Ergänzungen im Text

Folgende Abkürzungen wurden verwendet:

DNP H. Cancik / H. Schneider (Hrsg.): Der Neue Pauly. Enzyklopädie der Antike. Stuttgart/Weimar 1996 ff.

RE G. Wissowa [u. a.] (Hrsg.): Paulys Real-Encyclopädie der classischen Altertumswissenschaft. Neue Bearbeitung. Stuttgart [u. a.] 1893–1980.

Bedornter Ast und Zweig eines Myrrhestrauchs. Zeichnung aus *Köhler's Medizinal-Pflanzen.* Zur Myrrhe siehe S. 40–43.

Anmerkungen

Zu im Text oder in den Anmerkungen genannten Quellen und Gewährsleuten des Plinius siehe das Nachwort, S. 196 ff.

1 Perlen aus Muscheln des Indischen Ozeans und des Persischen Golfs als Inbegriff des Luxus erwähnte Plinius bereits in 9,105 f.; vgl. 13,91*.

2 Unter »Bäumen« (*arbores*) behandelt Plinius bisweilen auch Sträucher (*frutices*) und kleine Bäume (*arbusculae*); vgl. seine Definitionen in 16,121–125.

3 Vgl. 16,11: Der Bürgerkranz, eine der höchsten militärischen Auszeichnungen der Römer, wurde gewöhnlich von dieser Eichenart genommen, die dem Jupiter heilig war; sie ist tatsächlich die schönste aller europäischen Eichenarten, ist von Süditalien über den Balkan bis in das nordwestliche Kleinasien verbreitet und hat süßlich schmeckende Eicheln, die noch heute auf dem Balkan gegessen werden (meist geröstet und nicht nur in Notzeiten).

4 Mit »Gesichter der Gottheiten« sind die Kultbilder in den Tempeln angesprochen. In 13,91* bezieht sich *mensarum insania*, der »extravagante Luxus der Tischmöbel«, auf das kostbare Zitrusholz aus dem Maghreb und die Tischfüße aus Elfenbein aus den Stoßzähnen der Berberelefanten.

5 Dieser keltische Stamm siedelte im Gebiet der heutigen Schweiz und Südwestdeutschlands. Die Begebenheit selbst lässt sich nicht verifizieren.

6 Das heißt: nicht in Italien heimische Bäume.

7 Den Anfang der Phytologie bildet die Platane, deren einziger Nutzen es sei, angenehmen Schatten zu spenden, aber gleichzeitig noch Rasen unter sich wachsen zu lassen, wie es in 17,90 heißt. Plinius stellt sie als den größten allgemein bekannten Baum kompositorisch bewusst an den Anfang der Baum-Bücher, weil sie offensichtlich dem größten Tier, dem Elefanten, entsprechen soll, mit dem er den Reigen seiner Tierbeschreibungen begonnen hatte (8,1–32); zu diesem Kompositionsprinzip siehe Sallmann 2000, Sp. 1139. Zu Anpflanzungen der ursprünglich in Anatolien hei-

Die sogenannte Platane des Hippokrates auf der Ägäisinsel Kos: eine uralte Orientplatane mit hufeisenförmiger Stammhöhle. Zur Orientplatane siehe S. 10–13.

mischen Platane in Griechenland und Italien vgl. Meiggs 1982, S. 272–277 unter den »trees for pleasure«. Die Orientplatane hat im Gegensatz zu unseren amerikanischen Platanen mehrere Fruchtkugeln an einem Fruchtstiel sowie tief geteilte Blattspitzen (das ist wichtig für das Verständnis des Vergleichs mit der Maserung des Zitrusholzes; vgl. 13,98*).

8 Gemeint sind die Tremiti-Inseln in der Adria. Diomedes ist im Mythos einer der Griechen, die vor Troja kämpfen.

9 Ein keltischer Stamm am Ärmelkanal beim heutigen Boulogne-sur-Mer, der 56/55 v. Chr. von Caesar unterworfen wurde.

10 An der Spitze des italischen Stiefels gelegen. Heute Reggio di Calabria.

11 So auch bei einer besonders schönen Rotbuche (16,242*).

12 Im Lykeion. Die Quelle ist Theophrast, *Historia plantarum* 1,7,1. Wahrscheinlich ist in der Überlieferung hinter »Athenis« infolge von Haplographie – angesichts der Ortsangabe *in Lycia* in der

nächsten Zeile – die Ortsangabe *in Lycaeo* irrtümlich ausgefallen: Varro zitiert dieselbe Theophrast-Stelle mit *aput Athenas in Lycaeo* korrekt (*Res rusticae* 1,37,5).

13 Sicherlich hat die berühmte bei Herodot (7,31) und später bei Aelian (*Variae historiae* 2,14; vgl. 9,39) erzählte Anekdote von der hochgeehrten lykischen Platane des Perserkönigs Xerxes (frühes 5. Jh. v. Chr.) Plinius veranlasst, das ähnliche Erlebnis des römischen Legaten im Stamm einer lykischen Platane zu erzählen; vgl. Demandt 2005, S. 125 f. Uralte Orientplatanen mit bewohnten Stammhöhlen gibt es noch heute: Tabak 2016, S. 37 berichtet davon auf der Insel Lesbos; etliche Beispiele aus moderner Zeit fügt Hehn [8]1963, S. 295 den Zeugnissen des Plinius bei.

14 Stadt in den Albaner Bergen, ca. 40 km südöstlich von Rom. Heute Velletri.

15 Eine boshafte Anspielung auf den Körperumfang des Caligula.

16 Ein altes Exemplar der immergrünen Platane (Platanus orientalis *var. cretica*) steht dort ja noch heute als Touristenattraktion; vgl. die Fotos bei Baumann 2000, S. 48 f.; 2007, S. 34, und überhaupt zu Platanen in Griechenland ebd. S. 32–36.

17 Eine Anspielung auf Theophrast, *Historia plantarum* 1,9,5 (vgl. dazu Amigues).

18 In 11,260 betont Plinius, dass es bei allen Tieren Zwergwuchs gebe; in 10,156 erwähnt er Zwerghühner. Bei der Zwergplatane dürfte es sich um die in Griechenland und Kleinasien wild vorkommende, niedrig wachsende Varietät *cuneata (Willd.) Loud.* handeln. Diese ist nicht zu verwechseln mit den von Gärtnern künstlich gestutzten Platanen, wie sie Plinius' Neffe Plinius der Jüngere auf einem seiner Landgüter besaß (siehe *Epistulae* 5,6,35). Dazu sowie überhaupt zu Platanen bei Griechen und Römern (auch bei Plinius) siehe Meiggs 1982, S. 272–277, und schon Hehn [8]1963, S. 294–301.

19 Siehe dazu Demandt 2005, S. 123 f.

20 Es handelt sich um kurze, dicke Zweigdornen.

21 Einen Verbreitungsschwerpunkt hat diese tropische Zitrusart bis heute in der iranischen Provinz Gilan am Südwestufer des Kaspischen Meeres, wo die Griechen des Alexanderzugs sie 330 v. Chr.

kennenlernten. So wird auch ihr Name *medica*, »medisch«, verständlich. Plinius kannte natürlich neben Theophrast, *Historia plantarum* 4,4,2 f. auch die poetische Beschreibung dieses immerblühenden und -fruchtenden Baumes des Goldenen Zeitalters bei Vergil, *Georgica* 2,126–135; in 14,7* bezieht er sich sogar ausdrücklich darauf (vgl. Herzhoff 2005, S. 163–187; eine gute Übersicht mit Zeichnung gibt Haars 2018, S. 308–310).

22 Verbreitet in Südindien und Sri Lanka. Vgl. Singh/Fernandes ²2017, S. 316.

23 Verbreitet in Ostafrika. Vgl. Foto und Beschreibung bei Singh/ Fernandes ²2017, S. 196.

24 Bei Herodot: *Eridanos*. Der Name dieses in das »Nordmeer« mündenden Flusses, »von dem der Bernstein kommen soll«, würde eher zur Weichsel passen, die allerdings erst bei dem Geographen und älteren Zeitgenossen des Plinius Pomponius Mela (3,33) vorkommt, als *Vistula*. Johne 2006, S. 27 f. denkt an die Elbe.

25 Plinius meint vor allem drei Arten: die Dattelpalme, die Dumpalme (Hyphaene thebaica, die er in 13,47 und 62 treffend beschreibt) und die ähnliche Argunpalme (Medemia argun); vgl. die Fotos bei Kappel/Loeben 2011, S. 42–48 und Collenette 1985, S. 386 f.

26 Geboren um 35 v. Chr.; seine Werke, auch die biologischen, sind verloren.

27 Vgl. 16,204 zur schwärzlichen Farbe des Holzes von Medicago arborea, »die dem Ebenholz am nächsten zu kommen scheint«. Dieser schwierige Plinius-Text über das Ebenholz ist vor dem Hintergrund von Theophrast, *Historia plantarum* 4,4,6 hervorragend interpretiert von Amigues im Kommentar zur Stelle.

28 Diese Akazienart mit »schwarzem Holz« (so schon Theophrast, *Historia plantarum* 4,2,8) hat eine sich abschälende Rinde, so dass ein Anbrennen erklärlich wird; vgl. die Fotos aus Saudi-Arabien bei Collenette 1985, S. 290 f. Acacia seyal identifiziert man auch mit dem »brennenden Busch« des Moses in Exodus 3,2.

29 *Exilia* (»klein, mager«) passt gut zu den nur kichererbsengroßen Früchten von Ficus benghalensis.

30 Das Breitenwachstum geschieht nicht durch Absenken der Zweige, sondern durch Luftwurzeln, die gleichzeitig als Stützwurzeln

Banyanbaum im Pandschab, wie ihn die Teilnehmer am Alexanderzug als größten Baum der Welt bewunderten (siehe S. 20–23).

dienen, wie Theophrast klar erkannt hatte (*Historia plantarum* 4,4,4). Die bis zu 30 m hohe Krone kann in 200 Jahren mit über 1800 Stützwurzeln eine Fläche von 1,4 ha bedecken, wahrlich ein *miraculum arboris*, ein Baumwunder; vgl. Bretzl 1903, S. 158–190, sowie Schütt 2006b, S. 329–334 (mit Farbfotos).

31 Theophrast schließt unmittelbar an den Indischen Feigenbaum zwei weitere indische Bäume an, die bei Plinius zu einem einzigen gemacht sind. Plinius' Beschreibung im ersten Satz passt zur ersten der beiden Arten Theophrasts, nämlich zum Mangobaum, das Folgende dagegen zur bei Theophrast klar davon unterschiedenen Banane. Amigues hat zum ersten Mal den Mangobaum als Speise der Gymnosophisten (einer asketisch lebenden Gruppierung im antiken Indien) korrekt identifiziert im Kommentar zu Theophrast, *Historia plantarum* 4,4,5.

32 Für *pala* ist auch *tala* belegt (Megasthenes bei Arrian, *Indike* 7);

das Arabische hat für den Bananenbaum *ṭalḥ* als indisches Lehnwort bewahrt.

33 Sehr gründlich dazu ist der Artikel »Ὀξυδράκαι« von O. Stein in: RE XVIII 2 (1942), Sp. 2024–32.

34 Vgl. die Fotos bei Singh/Fernandes [2]2017, S. 181–183.

35 In dem Parallelbericht über dieselben Mangrovenwälder in 13,141 werden sie als »höher als die höchsten Platanen und Pappeln« bezeichnet. Tatsächlich können sie 30 m erreichen.

36 Das ist erstaunlich genau beobachtet, und zwar von Androsthenes von Thasos, einem Flottenkapitän Alexanders im Herbst 324 v. Chr., bei Theophrast (*Historia plantarum* 4,7,5).

37 Zu diesem Vergleich siehe Blümner [2]1912, S. 199–203. Zur Baumwolle auf Tylos siehe Bretzl 1903, S. 136–138. Siehe auch das Bild auf S. 148.

38 Die bisherigen äußerst zuverlässigen Informationen stammen von Androsthenes (siehe Anm. 36). Hier nun streut Plinius zwei weitere Wolle liefernde Gehölze, wohl aus Jubas Buch über Arabien, ein.

39 Es ist verblüffend, wie sich das Urteil des Juba zur Qualität mit dem deckt, was im 19. Jh. zu dieser subtropischen Spinnfaserpflanze aus Indien und Südasien zu lesen ist, als sie noch weltweit verarbeitet wurde: »Die blendend weiße, seidenartig glänzende« Faser »übertrifft alle anderen Pflanzenfasern an Schönheit [...] und ist sehr weich und außerordentlich fest. [...] Man benutzt es auch in Mischgeweben mit Baumwolle und Wolle, die alle dadurch verschönert werden« (vgl. den Artikel »Chinagras« in *Meyers Konversations-Lexikon*, Bd. 4, Leipzig [5]1897, S. 65, und die Abb. 4 [Tabelle »Spinnfaserpflanzen«] in Bd. 16, Leipzig [5]1897, nach S. 234).

40 Der Vergleich der handförmig gefingerten Blätter mit denen von Fächerpalmen (Chamaerops) passt gut.

41 Aristoteles hatte ausdrücklich geleugnet, dass es bei Pflanzen Schlaf und überhaupt Reizreaktionen gebe; dies sei der entscheidende Unterschied zu den Tieren (vgl. *De plantis* 11 f.; 34). Außer dieser Form des Nyktitropismus hatten schon 332 v. Chr. die Gefolgsleute Alexanders am Nilufer die Thigmonastie bei Mimosen entdeckt (Mimosa asperata *L.*; vgl. Theophrast, *Historia planta-*

rum 4,2,11), wo diese ja noch heute wild wachsen und jeder das Phänomen beobachten kann. Auch das durfte es nach Aristoteles' Auffassung bei Pflanzen nicht geben. Siehe ausführlich dazu Bretzl 1903, S. 120–128; zur Mimose siehe auch Wöhrle 2019, S. 36 f.

42 Das aus Vergils vierter Ekloge (4,25) vertraute Paradieskraut *amomum* ist nach Theophrast (*Historia plantarum* 9,7,2) Amomum subulatum *Roxb.* aus Persien und Indien. Zimt und Cassia folgen bei Plinius erst in 12,85–97*.

43 Weihrauch und Myrrhe wurden aus Arabien in großen Mengen nach Rom exportiert und erzielten dort nach 37,204 wie auch Balsam und Zimt Höchstpreise. Anregend dazu – auch zu den Handelsrouten aufgrund von Autopsie – ist Hepper ²1992, S. 135–139. Für Weihrauch und Myrrhe in der Antike sind grundlegend die *RE*-Artikel Müller 1978 und Steier 1933; für die Neuzeit: Pabst 1997, S. 89–93, 104–108, jeweils mit hervorragenden Farbabbildungen; vortreffliche Farbfotos bei Singh/Fernandes ²2017, S. 294 f.

44 All das liegt im heutigen Jemen; vgl. die Karte bei Willeitner 2013, S. 7, der zu Recht die Aktualität des plinianischen Weihrauchberichts bis heute betont (S. 37–40).

45 Sicherlich verhört aus arabisch *sarira* = »Geheimnis« (Wehr ⁵1985, S. 563).

46 Vgl. die Berechnungen bei König/Winkler zur Stelle.

47 Welcher Antigonos gemeint ist, ist unklar (die Antigoniden herrschten nach Alexander dem Großen über Makedonien und Teile Griechenlands). Genaue Vergleichsmöglichkeit bieten die Abbildungen der Blätter bei Willeitner 2013, S. 8 und bei Pabst 1997, S. 105 [siehe hier S. 150]; passend dazu die von Pistacia lentiscus ebd. S. 507). Die besten Informationen über alle Teile des Weihrauchbaumes aus heutiger Sicht bietet der Artikel »Boswelia sacra« von D. Böhlmann in Schütt/Roloff/Weisgerber, 44. Erg.-Lfg. 2006, S. 1–8 (mit hervorragenden Farbfotos auch der Blätter).

48 Ungeachtet seines irreführenden modernen Artnamens – der des Juba, nämlich *ponticum*, passt tatsächlich genau zu seinem Areal – ist der Kolchische Ahorn ausschließlich im Osten des Pontischen Gebirges in der Nähe des Schwarzen Meeres verbreitet. Bei An-

Weihrauchbaum in Dhofar in Südoman. Zum Weihrauchbaum siehe S. 28–39.

ritzen scheidet er wie Weihrauch einen weißen Saft aus, was andere ebenfalls dort vorkommende, weiter verbreitete Ahornarten nicht tun.

49 Zu den wohl stets gescheiterten Versuchen, den Weihrauchbaum außerhalb seines natürlichen Verbreitungsgebiets zu kultivieren, etwa in der südostpersischen Provinz Karmanien (heute Kerman) sowie in Ägypten (die Dynastie der erwähnten Ptolemäer herrschte nach Alexander dem Großen über Ägypten), aber auch bei der in den folgenden Sätzen genannten lydischen Hauptstadt Sardeis, siehe Müller 1978, S. 746 und 774. Zu dem Weihrauchbaum bei Sardeis betont Plinius in 16,136 selbst, dass er angesichts der dort schwächer scheinenden Sonne degeneriere. Zu den gescheiterten Pflanzversuchen (auch mit dem Balsambaum) in der Neuzeit siehe Löw 1928, S. 314.

50 Vor allem mit billigem Koniferenharz; vgl. 16,40*. Das geschieht nach Pabst 1997, S. 107 bis in die Neuzeit.

51 Daher erklärt sich der griechische Name *libanos* (kollektiv) und *libanotos* (arabisches Nomen unitatis) für Weihrauch: aus semitisch *labn* – »weiß wie Milch« (dies ist gut zu sehen auf dem Foto bei Willeitner 2013, S. 37).

52 *Carfiathum* bezeichnet die Herbsternte des Weihrauchs im Oktober und lässt sich klar von dem arabischen Wort für »Herbst« herleiten: *ḫarīf*; *dathiathum* kommt vielleicht von *ḥidāṯ* (Plural zu *ḥadīṯ* – »neu«) unter Annahme der ionischen Psilose. Dann wäre die nach Steigerung der Nachfrage neu eingeführte »zweite Ernte« (*altera vindemia*, 12,58*) im März gemeint (Hinweis von Herrn Dr. Khaled Elgawady, Universität Trier).

53 Das ist der hadramitische Mondgott.

54 Zu den Gebbaniten bei Plinius siehe Willeitner 2013, S. 28; ihre Hauptstadt war Tumna (im gebirgigen Teil von Südjemen) mit 61 Tempeln (12,64*: »Hauptstadt Thomna«, heute Kochlan).

55 Die Abkürzung »p.« im lateinischen Text steht für den *passus*, also den Doppelschritt, der 1,5 m misst.

56 Das ist die berühmte Weihrauchstraße, die Willeitner 2013 beschreibt (mit Karte auf S. 7) und über die Plinius von allen antiken Autoren die »umfangreichsten Informationen« liefert (ebd. S. 38).

57 Zur Verfälschung mit billigem Koniferenharz siehe 12,59*.

58 Vor allem an der Westküste der arabischen Halbinsel in Höhen von 500–1500 m, aber auch in Somalia und Abessinien; vgl. Pabst 1997, S. 89 f.; Steier 1933, Sp. 1134; 1137; Collenette 1985, S. 91.

59 Das ist schön zu sehen im Atlas von Köhler (bei Pabst 1997, S. 91 [siehe hier S. 152]).

60 In diesem Kapitel behandelt Plinius Zimtbäume aus Südindien und Sri Lanka, die Zimtkassie sowie die mediterrane Substitutionsdroge des Lorbeerseidelbasts, die er sogar am Rhein (bei Brohl) fand. Zimt diente bei den Römern nicht als Speisegewürz, sondern wurde wie Weihrauch und Myrrhe als Räucherwerk, für Salben, als Medizin (13,10–18) und allenfalls für Würzwein (14,107) benutzt. Immer noch maßgeblich für Zimt und Kassia in der Antike ist der gelehrte *RE*-Artikel von Olck 1899. Eine farbige Abbildung bietet Pabst 1997, S. 183 (vgl. hier S. 162 o.). Neuere Da-

Blütenzweig der Zimtkassie aus Ostasien. Zeichnung aus *Köhler's Medizinal-Pflanzen*. Zur Zimtkassie siehe S. 42–51.

Getrockneter Blütenzweig des Lorbeerseidelbasts. Plinius fand den Lorbeerseidelbast (siehe S. 50–53), der ähnlich aussieht wie die Zimtkassie, als Substitutionsdroge auch am Rheinland.

ten liefert Amigues in ihrem reichen Kommentar zu Theophrast, *Historia plantarum* 9,5,1–3 (vgl. auch S. XVIII f.), die auch auf die Rezeption durch Plinius eingeht. Danach kann der Zimt in Sri Lanka und Südindien als Baum 14 m hoch werden, wurde aber damals wie heute in Kultur durch periodischen Rückschnitt zur Gewinnung von Stockausschlägen mit glatter Rinde buschartig gehalten. Zur genauen Unterscheidung der beiden Zimtarten siehe jetzt Haars 2018, S. 249 f. und 259.

61 Die Doppelnamigkeit erklärt sich wohl aus metrischen Gründen: Nur *cinnamum*, wie es in der Dichtung belegt ist, passt in einen Daktylos.

62 In Arabien wächst Zimt (wie auch Kassia) tatsächlich nicht, wie Plinius in 12,82 schon richtig festgestellt hatte, doch der Handel lief über Arabien und das Rote Meer, so dass von manchen dort der Wuchsort gesucht wurde. Zu den Gebbaniten siehe Anm. 54.

63 Ocelis (vgl. 6,104) war eine Hafenstadt an der Südwestspitze der Arabia Felix. Der Flottenadmiral Alexanders, Anaxikrates, von dem die ausgezeichneten Augenzeugenberichte bei Theophrast und Plinius über Weihrauch und Myrrhe stammen, kam im Herbst 324 v. Chr. noch weiter nach Osten bis Qana (heute Bir Ali), bevor er wegen des einsetzenden Wintermonsuns auf demselben Weg durch das Rote Meer nach Suez zurückkehren musste (zu ihm ausführlich Amigues 2002, S. 57–62). In Qana lag das Zentrum des Weihrauch- und Indienhandels, von wo die einheimischen Seefahrer mit dem Monsun auf der Harpalos-Route in etwa 40 Tagen Indien erreichten, wie Plinius in 6,104 ausdrücklich feststellt. Dort tauschten sie Weihrauch und Myrrhe gegen Zimt, Pfeffer und andere exotische Waren, die dann durch phönizische Zwischenhändler ins östliche Mittelmeergebiet gelangten. Vortrefflich informiert über den römischen Monsunhandel mit Indien bei Plinius Dihle 1978, S. 546–580.

64 Mit *varium* als Zimtfarbe hat Plinius zweifellos das griechische *hypokirron* (»bräunlich-gelb«) seiner Vorlage Juba wiedergegeben, das auch Dioskurides (1,14) neben »schwärzlich« und »weiß« als Farbbezeichnung für Zimt bietet und das ja auch heute noch die geläufige ist.

65 Dort auf der linken Seite des Rheins bei Brohl wächst Daphne laureola, ein immergrüner Strauch, noch heute als besondere Kostbarkeit aus dem Mittelmeergebiet (siehe zum heutigen Vorkommen Lohmeyer 1978, S. 271–277, mit Fotos). Da sie bereits Ende Januar zu blühen anfängt, ist sie als erste Bienenweide besonders geeignet. Die heutigen Botanikerinnen und Botaniker kennen den Bezug zu Plinius nicht, da die lateinischen Pflanzenamen vonseiten der Philologie nicht oder stets falsch bestimmt wurden. Vergil aber, der die Pflanze häufig erwähnt, gibt unzweideutig zu verstehen, dass er Daphne laureola im Auge hatte. In *Georgica* 4,30 empfiehlt er ausdrücklich, sie neben Bienenstöcke zu pflanzen, wie Plinius es dann am Rhein tatsächlich sah und in 21,70 selbst empfiehlt (*casia*).

66 Plinius sah sie selbst im Jordantal in Judäa (um 70 n. Chr.); sie lieferten den kostbarsten Duftstoff. Das Farbfoto eines mehr als 4 m hohen alten Baumes von Commiphora gileadensis aus seinem natürlichen Verbreitungsgebiet in Nordjemen findet sich bei Hepper [2]1995, S. 149; Farbfotos aus der Gegend von Medina bietet Collenette 1985, S. 89. Fundierte Informationen liefert Haars 2018, S. 195–197.

67 Mit *tubur* muss Plinius hier die Raute meinen, mit deren Blatt Theophrast (*Historia plantarum* 9,6,1) das des Balsams passend vergleicht.

68 Beim Einmarsch der Römer 70 n. Chr. wollten die Judäer den Balsambaum (als eine mögliche wichtige Einnahmequelle der Feinde) ausrotten; vgl. Wagler 1895, Sp. 2837.

69 Theophrast (*Historia plantarum* 9,6,1) vermerkt richtig, der Balsambaum erreiche eine Höhe wie ein großer Granatapfelbaum, also etwa 5 m. Plinius urteilt hier nach eigener Beobachtung der nach Rom gebrachten Bäumchen – einer der vielen Belege für sein Bemühen um Autopsie, das ihn auch zur Abweichung von seinen Quellen veranlasst wie hier von Theophrast, seiner sonst verlässlichsten Quelle.

70 Zu diesem Baum siehe Haars 2018, S. 195.

71 Grundlegend für Palmen in der Antike (auch bei Plinius) ist der RE-Artikel von Steier 1941, S. 386–404. Zur Dattelpalme heute

siehe Schütt 2006b, S. 491–497. Die Dattelpalme ist für Plinius der wichtigste exotische Baum: Sogar in Germanien hatten seine Besatzungssoldaten Datteln im Proviant! Dass er sie im Anschluss an die Besprechung duftender Salböle (*unguenta*) in 13,1–25 behandelt, erklärt sich aus der Verwendung der männlichen Blüten mit ihrem betörenden Duft sowie des wohlriechenden verholzenden Hochblattes (*spatha*) der männlichen und weiblichen Blüten bei der Parfümherstellung. Dattelkerne hat man sogar in den Ruinen des römischen Militärlagers von Xanten gefunden, wo sich Plinius ja auch selbst aufgehalten hatte. Zur Parfümherstellung aus Palmen siehe Theophrast, *De odoribus* 28 (danach Plinius 12,134 und Dioskurides, *Materia medica* 1,109,4). In Arabien geschieht das noch heute.

72 Das trifft zu auf die zwei europäischen Phoenix-Arten mit ungenießbaren Früchten, die der Dattelpalme zum Verwechseln ähnlich sehen: auf Phoenix canariensis *Hort. ex Chabaud* von den Kanarischen Inseln und auf Phoenix theophrasti *Greuter*; diese wächst noch heute wild in Reliktbeständen in der Ostägäis und an der türkischen Westküste. Sie wurde erst vor nicht allzu langer Zeit in ihrer taxonomischen Eigenständigkeit erkannt von W. Greuter (»Beiträge zur Flora der Südägäis 8–9«, in: *Bauhinia* 3, 1967, S. 243–254); nicht berücksichtigt von Demandt 2006, S. 90 f.

73 So heute noch bei Elche in Südostspanien.

74 Diese Aussage ist nicht von *putant* (»Einige glauben …«) abhängig zu denken (anders bei König und Winkler: »gebe« statt »gibt«), da unbedingt anzunehmen ist, dass Plinius die Zwergpalme aus eigener Anschauung in Unteritalien und Sizilien gekannt hat, zumal sie in der Antike noch häufiger und verbreiteter war als heute; vgl. Amigues 2002, S. 266–268.

75 Zur reichen Verwendung der Blätter der Zwergpalme vgl. Düll 2007, S. 96 f.

76 Plinius kommt von der Zwergpalme Chamaerops wieder zur hochwüchsigen Gattung Phoenix zurück. Collenette 1985, S. 387 zeigt einen hohen »Wald« nichtkultivierter Palmen aus Saudi-Arabien.

77 Palmen sind zweihäusig: Mit den »wilden« sind hier die männli-

Zweihäusige Blüten der Dattelpalme (zur Dattelpalme siehe S. 60–71). Oben links: männlicher Blütenstand; oben rechts: weibliche, befruchtete Infloreszenz; darunter: Krone eines weiblichen Baums mit reifen Datteln.

chen, mit den »zahmen« die allein Früchte bringenden weiblichen gemeint, von denen auch im Folgenden die Rede ist (siehe 13,34*).

78 Mit »Nabel« ist die kreisförmige sogenannte Mikropyle gemeint, die Keimstelle des Samens.

79 *Dabla* dürfte von arabisch *ḏabala* – »welk sein«, »vertrocknen« (Wehr [5]1985, S. 426) – herzuleiten sein und getrocknete, also sehr süße Datteln bezeichnen.

80 Die nüchterne aristotelische Darstellung der Befruchtung in 13,31 (vgl. Aristoteles, *De plantis* 119 f.) schmückt Plinius hier aus durch eine stark vermenschlichte, wohl auf Juba zurückgehende Schilderung (*maritare*, »schwängern«, dann *viduvio*, »verwitwet«, *coitus*, hier »Befruchtung«), die in der späteren Antike gern rezipiert wurde. Zur Entdeckung von Zweihäusigkeit gewisser Pflanzen und Einsicht in das Wesen des pflanzlichen Befruchtungsvorgangs bei Aristoteles und Theophrast siehe Wöhrle 2019, S. 52.

81 André denkt im Kommentar zur Stelle an die auffällige mehrmals gegabelte Stammbildung der Dumpalme (Hyphaene thebaica *Mart.*), die Plinius in 13,47 und 62 passend nur für Oberägypten erwähnt. Weiter nördlich sah ich sie nie, sie scheidet hier also aus.

82 Wo die weiblichen Palmen nicht bestäubt werden, bleiben ihre Früchte ohne Kern. Von »Eunuchen« unter den Datteln spricht schon Aristoteles (Testimonium 326 Gigon), der ja die Sexualität der Dattelpalme als Problem erkannt hatte (*De plantis* 119 f.).

83 Mit »Mark« oder »Hirn« wird die zarte Endknospe des Gipfeltriebs bezeichnet, die auch »Palmkohl« heißt und roh oder gekocht gegessen wird (auch heute noch). Allerdings lebt die Palme nach ihrer Entfernung nicht weiter.

84 In Kreta sind sie heute verschwunden, in Sizilien noch häufig; vgl. Amigues 2002, S. 266–268.

85 Im Anschluss (13,41–50) bespricht Plinius mehr als ein Dutzend Kultursorten von Datteln genauer. Wegen ihrer Qualität und ihres historischen Ruhms werden besonders hervorgehoben die Königsdatteln aus Babylon (41) und die etwa 11 cm langen Nikolausdatteln aus dem Jordantal bei Jericho (45), die nach Nikolaos von Damaskus (geboren um 64 v. Chr.) benannt sind, da dieser mit ihnen alljährlich den Kaiser Augustus beschenkte. Nach ei-

nem persischen Sprichwort soll es so viele verschiedene Dattelsorten geben wie Tage im Jahr. Nach der Palme, die in heißen Ländern weit verbreitet ist, nennt Plinius Bäume aus diesen Ländern mit einem engeren Areal, die also nicht so weit verbreitet sind wie die Dattelpalme.

86 Dem hier folgenden Abschnitt wird ein Passus aus Buch 5 vorangestellt. Wir sehen darin, dass es Plinius selbst da, wo er keine Autopsie hat, gelingt, authentische Berichte von vertrauenswürdigen Zeugen, denen er persönlich begegnet ist, so anschaulich wiederzugeben, als sei er selbst dabei gewesen – beim Bericht von der Überquerung des Hohen Atlas im heutigen Marokko 41/42 n. Chr. durch Suetonius Paulinus: Die topographischen Angaben mit den üppigen Hangwäldern (damals noch mit Berberelefanten und Löwen; Leoparden gibt es dort heute noch), mit dem ewigen Schnee der Viertausender und der heißen Saharasteppe im Südosten sind so realistisch, dass sich diese erste römische Expedition ins Innere Mauretaniens gut rekonstruieren lässt, und da stellt sich heraus, dass die »undurchdringlichen Hochwälder von einer unbekannten Art von Bäumen« in den unteren Lagen nicht etwa die allbekannten Atlaszedern (Cedrus atlantica) aus dem Hochgebirge sind, wie man gemeinhin annimmt (diese wächst nur in Hochlagen), sondern dass es sich um Gliederzypressen gehandelt hat (Tetraclinis articulata *[Vahl.] Mast.* – ein Synonym ist Callitris quadrivalvis *Vent.*). Diese sind es, die das rot-braune, reich gemaserte Zitrusholz liefern, das damals weltweit teuerste Holz, wie Plinius am Ende seines Werks (37,204) in der grandiosen Rückschau auf die kostbarsten Erzeugnisse der Mutter Natur ausdrücklich hervorhebt, noch kostbarer als indisches oder äthiopisches Ebenholz, mit dem es (zusammen mit Elfenbein der Berberelefanten) in der Kunsttischlerei verarbeitet wurde. Zum Zitrusholz in der Antike (auch bei Plinius) informiert umfassend Meiggs 1982, S. 286–291. Zur Dendrologie vgl. Krüssmann 1972, S. 318 mit Tafel 129. In Marokko heißt der Zitrusholzbaum *arar*. Plinius bedauert in 13,95* lapidar, dass diese Wälder stellenweise bereits abgeholzt sind. Heute sind sie überall in starkem Rückgang begriffen und aus Gegenden im nördlichen Afrika, wo sie

in der antiken Literatur noch belegt sind, ganz verschwunden. Mehrhundertjährige Bäume scheint es nirgends mehr zu geben, obwohl vor 70 Jahren für das entlegene Innere der marokkanischen Meseta nördlich des Atlas (bei dem Dörfchen Moulay bou Azza) noch fast 300 Jahre alte und an die 20 m hohe Exemplare in der Literatur erwähnt werden (das berichtet Boudy, Bd. 3, [2]1958, S. 112; vgl. das Foto eines Hochwaldrelikts der Sandarakbäume in dieser Gegend in Bd. 1, 1948, Tafel 1, Abb. 3). Auf einer dendrologischen Marokko-Exkursion fanden wir im Mai 2015 im unteren Ourika-Tal in einem Bereich, den auch Suetonius Paulinus bei seinem Aufstieg in den Hohen Atlas durchqueren musste, leider nur noch ein kleines Exemplar dieser Konifere; siehe die Beschreibung und das Farbfoto im Exkursionsbericht der *Mitteilungen der Deutschen Dendrologischen Gesellschaft* 101 (2016), S. 205. Theophrast erwähnte sie noch für die Kyrenaika und das Ammonorakel (*Historia plantarum* 5,3,7 und 5,4,2), wo sie heute ebenfalls ausgerottet ist. Die besten Farbfotos der »thuya de Barbarie« und des Maserholzes ihrer Knorren (*loupes*) bietet Amigues 2010, S. 199, Abb. 24–26; Farbfotos auch bei Singh/Fernandes [2]2017, S. 106 unter »Sandarakbaum«, und bei Bärtels 1997, S. 99). Und so ist es kaum erstaunlich, dass in der Neuzeit die Franzosen als Kolonialherren an die altrömische Tradition anknüpften und den Wert dieser Bäume für die Kunsttischlerei wiederentdeckten, während die Einheimischen sie seit jeher nur als billiges Holz für niedere Gewerke schonungslos auszubeuten pflegen (das heißt als Viehfutter, Brennholz, zur Herstellung von Holzkohle und zur Gewinnung von Sandarakharz; vgl. Boudy, Bd. 2, 1950, S. 727 f.). Einen Beleg für die Renaissance der antiken Wertschätzung lieferte die Pariser Weltausstellung 1855, über die der Dendrologe Friedrich von Morton 1933 Folgendes zu berichten wusste: »Die Callitris gehört zweifellos zu den wertvollsten Hölzern Algeriens. Wegen ihrer Härte und Polierfähigkeit von den Möbeltischlern hoch geschätzt, gibt sie auch außerdem gute Kohle und ausgiebiges Brennholz ab und wird von den Eingeborenen wegen ihrer hohen Widerstandsfähigkeit gerne zu Bauten und Dachsparren verwendet. Ihre große Anspruchslosigkeit bezüglich der Boden-

unterlage und die erwähnte große Regenerationsfähigkeit nach Bränden dürfen hier nicht unberücksichtigt bleiben. Gerade diese ständigen Eingriffe durch Feuer, durch Beweidung und Abschneiden der Zweige (für Bauten usw.) haben zu einer höchst eigenartigen Erscheinung geführt. Die Bildung grundständiger Ersatzknospen wird durch die genannten Umstände außerordentlich gefördert, so dass sich am Grunde des Baumes im Laufe der Zeit die sogenannten ›Loupes‹ bilden, gewaltige Maserknollen mit einem Durchmesser bis zu 1 m, die ein außerordentlich hochgeschätztes Objekt der Möbeltischlerei darstellen. Die sogenannten ›Zitrus‹-Tischchen (in einer Anmerkung wird zu Recht darauf hingewiesen, dass das Holz nach seinem kräftigen Geruch benannt wurde) der reichen Römer wurden daraus hergestellt und nach Plinius mit Summen bis zu einer Million Mark bezahlt. Im Jahre 1855 wurden auf der Pariser Weltausstellung Maserfurniere aus Callitrisholz ausgestellt und erregten großes Aufsehen, so dass diese Knollen eine Zeitlang wieder zu den begehrtesten Artikeln gehörten.« (Morton 1933, S. 370, mit Foto auf Tafel 50.)

87 *Enodis* von *enodare*, das die künstliche Beseitigung von Seitentrieben zur vielfältigen Nutzung bezeichnet; vgl. Vergil, *Georgica* 2,78: *enodes trunci.* Gerade für den Sandarakbaum im Maghreb scheint das bis heute typisch zu sein, denn Boudy, Bd. 2, 1950, S. 720 spricht von »arbres d'émonde«.

88 Es muss sich um Gespinstfäden der Kokons von wilden Seidenraupen aus der Familie der Bombycidae handeln, die Plinius auch für Zypressen auf der Insel Kos erwähnt (11,76 f., nach Aristoteles, *Historia animalium* 5,19. 551b 13–16 wurden sie von Frauen auf Spindeln gewickelt); vgl. Blümner ^{2}1912, S. 201–203.

89 Der Dschebel Toubkal (4167 m) hat ganzjährig Schnee (vgl. die Landkarte bei König/Winkler, Bd. 5, 1993, S. 118 f.).

90 Es handelt sich um die sogenannten Maserknorren, Holzwucherungen mit einem Durchmesser von bis zu 1 m, also tatsächlich um Missbildungen (*vitium* sagt Plinius zu Recht). Plinius vermerkt in 16,129 korrekt, beim Zitrusbaum sei die Wurzel am größten und dicksten, danach folgten Platane und Eiche; zu seinen äußerst kostbaren *tubera* siehe auch 16,185.

Solitär einer Gliederzypresse aus Nordafrika, wie sie den Römern das kostbarste Holz überhaupt lieferte (siehe S. 72–79).

91 Diese Tische entsprechen einem französischen Guéridon und einem griechischen Monopodion.
92 Richtig zu dieser Feststellung des Plinius: Boudy, Bd. 1, 1948, S. 223.
93 Ein ausgezeichnetes Farbfoto einer solchen gepunkteten, cognacfarbenen Zitrusholzplatte findet sich bei Amigues 2002, S. 270, ein Schwarz-Weiß-Foto bei Meiggs 1982, Tafel 12A.

94 Gemeint sind die Weine, die auf solchen Nipptischchen serviert wurden, wie aus 13,99* hervorgeht.

95 Speziell das Blatt der Orientplatane (Platanus orientalis) ist stark zerschlitzt, stärker als das der bei uns wachsenden P. acerifolia; vgl. die Zeichnung bei Grandjot [5]1981, S. 73.

96 Vgl. Homer, *Odyssee* 5,59–61 (Kalypso) mit Vergil, *Aeneis* 7,13 (Kirke). Es dürfte sich tatsächlich um Tetraclinis articulata handeln, die damals in der Oase Siwa in Ägypten und in der Kyrenaika noch vorkam, dort aber heute ausgestorben ist; siehe Amigues 2002, S. 268–271. Eine Karte mit der heutigen Verbreitung bieten Schütt/Roloff/Weisgerber, 9. Erg.-Lfg. 1997, S. 2 (auf S. 4 müssen sie feststellen: »Die Art ist derzeit im Rückzug begriffen, war in früheren Zeiten viel weiter verbreitet und erreichte einst sogar die libysche Wüste.«).

97 Der *Odyssee*-Dichter meint mit *thyon* gewiss das Zitrusholz der Gliederzypresse (Tetraclinis articulata) und mit *kedros* Wacholder (Juniperus *sp.*); so auch Plinius in 13,2 (*cedri tantum et citri*). Lärchen (Larix decidua) gab es nirgends in Griechenland, sondern nur in den Hochalpen: Plinius verwechselt sie mehrfach mit Kiefern (Pinus *sp.*), wohl wegen des im Handel ähnlichen Holzes; vgl. Anm. zu 16,43 f.*

98 Theophrast, *Historia plantarum* 5,3,7; die Datierung ist korrekt; vgl. Wöhrle 2019.

99 Dort ist er heute ausgestorben, doch um die Ruinen des Tempels für Augustus und Livia in Famagusta auf Zypern wachsen heute junge Tetraclinisbäume, von kundigen Archäologen gepflanzt.

100 In 13,116–121 behandelt Plinius die Bäume Kleinasiens und Griechenlands. Rhododendron luteum, heute wegen Blüte und Herbstfärbung in unseren Gärten als Zierstrauch beliebt (vgl. das Foto bei Wöhrle 2019, S. 36, Abb. 2), kann man mit Theophrast und Plinius durchaus als »Baum« bezeichnen. Es handelt sich in der Überlieferung um den giftigen Baum von Lesbos, der euphemistisch »Euonymos« genannt wurde, das heißt »Baum mit einem Namen von (un)guter Vorbedeutung«. Seine Massenbestände im Pontischen Gebirge nennt Plinius in 21,74–78 unter dem bis heute gültigen Namen *rhododendron*. Aus seinen gelben

Blüten stamme der giftige Tollhonig, durch dessen Genuss 401 v. Chr. die Soldaten des Xenophon rasend wurden (*Anabasis* 4,8,20 f.). 21,74 überliefert als Synonym für *rhododendron* auch den griechischen Pflanzennamen *aegolethron* (»Ziegentod«), der heute nach der langen mündlichen Überlieferung bei den türkischen Berghirten der Troas zu *agıl* verstümmelt ist. Zum Vergleich mit der Plinius-Stelle dient der etwa 350 Jahre ältere Text des Theophrast, der auf Autopsie in seiner Heimat nördlich der Geburtsstadt Eresos aus Lesbos beruht (*Historia plantarum* 3,18,13; vgl. dazu Amigues im Kommentar sowie 2002, S. 185–193): »Der Baum, der den Beinamen ›der Glückverheißende‹ trägt, wächst zwar anderswo, aber auch in dem Gebirge von Lesbos mit Namen Ordymnos. Er ist so hoch wie ein Granatapfelbaum (Punica granatum) und hat ein Blatt wie dieser, aber größer als das des Lorbeerseidelbasts (Daphne laureola; vgl. 12,98*) und weich wie ein Granatapfelblatt. Der Austrieb beginnt zur Zeit der Jahreswende (Dezember/Januar), doch er blüht im Frühling. Die Blüte ist in ihrer (gelben) Farbe ähnlich wie beim wilden Goldlack (Cheiranthus cheiri). Sie hat einen fürchterlichen Geruch nach Leichen. Ihre Frucht aber ähnelt in ihrer Gestalt mitsamt der Hülle der Kapselfrucht des Sesams. Inwendig ist sie fest, außer dass sie sich in vier Teile spaltet. Wenn diese vom Kleinvieh gefressen wird, tötet sie es, und zwar das Blatt und die Frucht, und am meisten die Ziegen, sofern nicht ihr Magen entleert wird, und zwar entleert durch Erbrechen.« Ich fand dieses von den Berghirten immer noch gefürchtete Weideunkraut nicht nur im Pontischen Gebirge südlich von Trapezunt, sondern auch an der von Theophrast beschriebenen Stelle im Ordymnos-Gebirge auf Lesbos (Foto bei Tabak 2016, S. 184) sowie an Bächen und in Schluchten um das Trojanische Idagebirge auf dem gegenüberliegenden anatolischen Festland mit sogar über 6 m hohen Exemplaren.

101 Wie etwa beim Pfropfen.

102 Plinius weist immer wieder auf die oft unlösbaren Schwierigkeiten bei der Identifizierung der überlieferten Pflanzennamen hin; vgl. die Beispiele bei Amigues 2002, S. 351–362.

103 Gemeint ist das Lehrgedicht »Werke und Tage«, *Erga kai hemerai*, um 700 v. Chr. Plinius nennt Hesiod im Index der ausländischen Quellenschriftsteller zum 14. Buch; unter den römischen dort auch M. Porcius Cato (234–149 v. Chr.), M. Terentius Varro (116–27 v. Chr.) sowie seinen Zeitgenossen L. Iunius Moderatus Columella.

104 Diese inhaltliche Lücke, zu der sich ja Vergil in den *Georgica* (4,147 f.) selbst ausdrücklich bekennt, hat dann Columella mit seinen 439 Hexametern des 10. Buchs von *De re rustica* bewusst gefüllt (bis heute am sachkundigsten analysiert auch im Hinblick auf Plinius von Olck 1910, S. 821–825).

105 Gemeint ist die Zitronatzitrone, Citrus medica *Risso* in den *Georgica* (2,126–135; vgl. dazu Herzhoff 2005, S. 163–187), auf die Plinius in 12,15 f.*, 13,86 und 13,103* eingeht.

106 Buch 14 handelt vom Weinstock, den Plinius wie schon Theophrast und Vergil als »Baum« wie Olive und Feige bezeichnet (so ausdrücklich in 16,121), obwohl sein Zeitgenosse Columella dies ablehnt und ihn als Zwischenwesen zwischen Baum und Strauch definiert (*De re rustica* 3,1,2). Heute spricht man von »Lianen« oder »Kettersträuchern«, die ja immerhin einen Stammumfang von bis zu 1,8 m sowie eine Höhe von 20 m erreichen können (Kappel/Loeben 2011, S. 61 nennen solche Werte für Ägypten).

107 Theophrast spricht in *Historia plantarum* 6,2,4 von 300 Stadien (etwa 53 km); ebenso Plinius in 21,57.

108 Der römische Historiker schrieb um Christi Geburt *Annalen* in mindestens 22 Büchern; sie sind verloren.

109 Siehe Anm. 26.

110 Rund 100 km nördlich von Neapel gelegen; heute Venafro.

111 In seinem Werk *De agri cultura*, um 150 v. Chr.

112 Er leitete im 1. Jh. v. Chr. in Rom eine Schule.

113 Sie wurden durch Zusatz von Fett, Anis, Käse und Lorbeerblättern zu Hochzeiten gebacken.

114 Man unterscheidet heute je nach Blattform mehrere Varietäten des Lorbeers wie Laurus nobilis *var. angustifolia/lanceolata/latifolia*.

115 Lorbeer ist zweihäusig: Mit »unfruchtbar« sind also die beerenlosen männlichen Exemplare gemeint.

116 Dazu und überhaupt zum Augustuslorbeer bei Plinius siehe Alföldi 1973, S. 14 f.

117 Es handelt sich um Phyllokladien, Blattsprossen, in deren Achseln sich Blüten und dann hellrote auffällige Beeren bilden.

118 Er ist viel stattlicher als Ruscus aculeatus und wächst noch heute am mythischen Ort des Paris-Urteils an der Quelle des Skamander (Küçük Menderes) im Trojanischen Idagebirge (Kaz Dağı), wo Theophrast (*Historia plantarum* 3,17,4) ihn beschreibt (Paris, der Sohn des Königs Priamos, heißt bei Homer auch Alexander).

119 Ruscus hypoglossum wächst gern im Gebirge unter Tannen, daher der griechische Name.

120 Wenn Plinius *semine inter folia rubro* schreibt, legt er sich nicht fest, ob die roten Beeren oben auf den blattartigen Phyllokladien wachsen oder unter ihnen. Beim Alexanderlorbeer wachsen sie ausschließlich oben, beim ganz ähnlichen, damals wie heute auch in südländischen Gärten gezogenen Ruscus hypophyllum, den er als nächstes nennt, auch darunter (mit dem griechischen Artnamen hat Linné treffend das Alleinstellungsmerkmal benannt).

121 Der angebliche Gründer der Republik (509 v. Chr.) sollte seine Mutter küssen und küsste die »Mutter Erde«.

122 Ein römischer Jurist des 1. Jh.s n. Chr.

123 Zu dieser Legende siehe Alföldi 1973, S. 8 f.; Demandt 2005, S. 113.

124 Das ist falsch, siehe Theophrast, *Historia plantarum* 2,1,3. Demokrit: Philosoph (Vorsokratiker), um 460 – 370 v. Chr.

125 Nach einem kurzen Rückblick auf die Obstbäume und einem knappen Vorverweis auf die Waldbäume folgt ein kontrastierendes Vorwort über die amphibische Welt des Wattenmeers in der Nordsee, von Plinius treffend beschrieben aufgrund eigener Anschauung als Kavallerieoffizier während der Kämpfe gegen die Chauken im Jahr 47; vgl. Demandt 2005, S. 116 f.

126 Sie wohnten zwischen Ems und Elbe; vgl. Johne 2006, S. 165, 176 f. u. ö.; siehe auch die Landkarte auf S. 151.

127 Zu ihnen und ihrer Verwendung siehe 16,178.

128 Gemeint sind im Watt Schlickböden mit biogenem Detritus.

129 Gemeint ist vielleicht die Gegend des heutigen Dollarts und die des Jadebusens.

130 Zu »Torbildungen« bei Bäumen siehe Fritz Graf von Schwerin, »Dendrologische Notizen XIX«, in: *Mitteilungen der Deutschen Dendrologischen Gesellschaft* 45 (1933), S. 346 mit Abbildung auf S. 347.

131 *Turma* bezeichnet eine Schwadron von 30 Reitern.

132 In 16,7–14 ist ausführlich von Eichenkränzen wie der *corona civica* (»Bürgerkrone«) und anderen Kränzen die Rede, die für vielfältige Verdienste verliehen wurden; vgl. Demandt 2005, S. 118 f.

133 Bei allen Eichenarten gibt es süßschmeckende oder doch wenigstens gut essbare Formen und Mutanten. Süß schmecken die Eicheln vor allem bei Trojaeiche (Quercus trojana), Korkeiche (Q. suber), der Rundblättrigen Steineiche (Q. rotundifolia) und der damit in Kleinasien verwandten Q. aucheri (»Haselnusseichen«).

134 Das wird noch als heutige Sitte im Roman *Athos, der Förster* von Maria Stefanopoulou (Berlin 2019, S. 93) für die Peloponnes berichtet.

135 Gemeint sind vor allem die süßen Eicheln der immergrünen Quercus rotundifolia, die bis heute in Andalusien und Marokko im Herbst auf Märkten verkauft und als Zukost verzehrt werden, wie verwandte Arten in Anatolien, deren einheimische Volksnamen leider allmählich von den türkischen Forstbeamten ausgemerzt werden. Hier vermag noch immer jeder Berghirte mehr als ein Dutzend Eichenarten mühelos zu unterscheiden und ihren vielfältigen Nutzen zu benennen; die türkischen Namen haben vielfach die uralten griechischen Bezeichnungen bewahrt.

136 Tafel VII 10; vgl. Tafel VIII 7.

137 Eichen waren in den Mittelmeerländern die häufigsten und verbreitetsten Waldbäume. Nach moderner Nomenklatur gibt es im griechisch-römischen Kulturkreis seit prähistorischen Zeiten etwa 30 Arten, die durch innerartliche Formenvielfalt und reiche

Hybridisierung allen Systematikern, von Theophrast angefangen, der ja die großen Schwierigkeiten klar benennt (vgl. besonders *Historia plantarum* 3,7,4–3,8,7), bis heute erhebliche Probleme bereiten (siehe Herzhoff 1990; 1997).

138 Nach moderner Systematik gehört sie nicht zur Gattung der Eichen (Quercus), doch beide zusammen zur Familie der Buchengewächse (Fagaceae).

139 Unfruchtbare Eichen und solche mit Früchten von minderer Qualität galten als männlich, die guten als weiblich. Zu dieser antiken Unterscheidung bei Pflanzen vgl. Amigues 2002, S. 8. Alle Fagaceen sind einhäusig.

140 Liegt hier die korrekte Aussage des Theophrast (*Historia plantarum* 3,8,2) zugrunde, die *phegos* als Trojaeiche (Quercus trojana) bringe die süßesten Früchte aller Eichenarten hervor, oder hat Cornelius Alexander, der aus Milet stammte und im 1. Jh. v. Chr. als Freigelassener in Rom lebte, die lateinische Bedeutung des Baumnamens *fagus* als Fagus sylvatica im Auge und meint hier nicht Speiseeicheln, sondern Bucheckern? Heute gibt es auf Chios keine Buchen, doch in der Antike waren sie weiter verbreitet, zum Beispiel bis mindestens ins 3. Jh. n. Chr. auf der nördlichen Nachbarinsel Lesbos. Als Speiseeicheln kämen allenfalls süßfrüchtige Varianten der Flaumeiche infrage. Eine Erklärung dieser »confusion« versucht Meiggs 1982, S. 25.

141 Hauptsächlich in Süditalien; siehe die Arealkarte bei Pignatti 1982, S. 120 (die folgende Quercus cerris führt Pignatti 1982, S. 116 im Unterschied zu Plinius' Aussage heute für ganz Italien an).

142 Plinius meint die Galle der nicht seltenen Buchen-Gallmücke Mikiola fagi; vgl. Bellmann/Spohn/Spohn 2018, S. 150 (mit Farbfotos).

143 Gemeint sind vor allem Waldmaus und Feldmaus.

144 Sie galten den Römern als begehrter Leckerbissen.

145 Hier ist die echte Quercus ilex gemeint: Nach Theophrast (*Historia plantarum* 3,16,1) ist *smilax* ein in Arkadien geläufiger Name für sie, die sonst *aria* heißt; vgl. Amigues zur Stelle.

146 Homer, *Odyssee* 10,242 unterscheidet beim Schweinefutter die

Eichel der immergrünen Arten als *akylon* von der der sommergrünen Arten (*balanos*).

147 *Prinos* ist der griechische Name für die Kermeseiche (Quercus coccifera), die durch Viehverbiss meist nur buschig bleibt. Als Q. calliprinos hatte der englische Botaniker Philip Barker Webb baumförmige Exemplare dieser Art benannt, die im syrischen Zentrum ihrer ostmediterranen Verbreitung über 20 m hoch werden können.

148 Hier: *latifoliae. Latifolia* entspricht der Bezeichnung *platyphyllos* – »die Breitblättrige« – bei Theophrast für Quercus frainetto, die ja sonst bei Plinius *aesculus* heißt.

149 Besonders fein beobachtet und genau beschrieben bei Theophrast (*Historia plantarum* 3,8,3) und erst vor Kurzem richtig gedeutet: Die »Versteinerung« an beiden Enden der Eicheln von Quercus cerris, Q. macrolepis und Q. trojana wird hervorgerufen durch die Larvenkammern der Gallwespe Callirhytis glandium *Giraud*; vgl. die Illustrationen bei Amigues 2010, S. 81 Abb. 46 sowie Bellmann/Spohn/Spohn 2018, S. 314 f.

150 Vgl. Amigues 2010, S. 71 Abb. 16, die die Gallen der Färber-Gallwespen auf Quercus infectoria (griech. *hemeris* – »Zahme Eiche«) zeigt; vgl. die Zeichnung bei Bellmann/Spohn/Spohn 2018, S. 57 Abb.72.

151 Sie wächst in den Gebirgen am Schwarzen Meer, auch in den Höhenlagen des Trojanischen Idagebirges (Kaz Dağı), wird über 40 m hoch, über 1000 Jahre alt und liefert das kostbarste Eichenwertholz – bis heute: Das ist die Eiche in Homers *Ilias* (etwa in 12,132–134).

152 Publius Nigidius Figulus ist ein römischer Naturforscher des 1. Jh.s v. Chr.; seine Werke sind verloren.

153 Die Behandlung der Galläpfel bei Theophrast (und das gilt auch für Plinius) ist hervorragend durch Farbfotos illustriert bei Amigues 2010, S. 77 f. Zum Gerben von Leder siehe Amigues 2010, S. 71 Abb. 16 und Bellmann/Spohn/Spohn 2018, S. 57.

154 Das geschieht noch heute in großen erhitzten Kupferbottichen vor den Bauernhäusern, etwa in den Bergdörfern am Westfuß des Trojanischen Idagebirges (Kaz Dağı).

155 Sie haben in der Regel einen Durchmesser von 5 cm. Ein Farbfoto bietet Baumann 2007, S. 16 Abb. 11.

156 Sowohl die gesamteuropäische Quercus petraea als auch die submediterran verbreitete Q. pubescens wird wegen ihrer Ähnlichkeit als *robur* bezeichnet. Hier ist vor allem Q. pubescens, die Flaumeiche, gemeint; vgl. Amigues zu Theophrast, *Historia plantarum* 3,5,2 Anm. 3.

157 Nach Theophrast (*Historia plantarum* 3,7,4), mit Farbfoto bei Amigues 2010, S. 77 Abb. 30.

158 Gemeint sind die Larvenkammern von Gallwespen wie auch im Folgenden die von etlichen anderen Arten.

159 Die Knospen sind als Wintergemüse (auch wegen der lindernden Schleimstoffe) beliebt, zumal wenn die Embryonaltriebe zu wachsen beginnen.

160 Sie erzeugt auffällige gelbe Scheinbeeren; vgl. das Farbfoto bei Bellmann/Spohn/Spohn 2018, S. 272.

161 Nitrathaltige Asche diente damals zum Wäschewaschen wie heute Waschpulver.

162 Durch Ziegenfraß und Feuer bleibt sie meist ein niedriger Kugelbusch der Macchie, kann aber bei geschütztem Stand ein hoher Baum werden, wie Theophrast (*Historia plantarum* 3,16,1) richtig betont; vgl. Düll 2007, S. 285–287 und Anm. 147.

163 Es handelt sich um die Galle der Kermesschildlaus, Coccus ilicis *Fabr.*

164 Das Verb *relucere* verwendet Plinius auch für einen phosphoreszierenden (bisher noch nicht identifizierten Meeresfisch (*lucerna* in 9,82); das Adjektiv *candidus* bezeichnet im Unterschied zu *albus* mehr das Leuchtende und Glänzende. Hier ist wohl der Ölbaumpilz Omphalotus olearius *Singer* mit seinen leuchtend goldgelben Lamellen gemeint, zu dem E. Gerhardt (*Der große BLV Pilzführer*, München 1997, S. 174) notiert: »Seine Lamellen sollen im Dunkeln leuchten.« Und zum Vorkommen: »Meist büschelig an Stämmen … besonders von Eiche und Edelkastanie, in Gebieten mit mildem Klima (z. B. Pfalz, Oberrheingebiet).« Genaueres erfährt man bei Wikipedia unter dem Stichwort »Australischer Geisterpilz« zur glänzend weißen Art Omphalotus

nidiformis in Australien (Hinweis von Dr. Robert Hauer, Bonn): »Die Fruchtkörper und hier insbesondere die Lamellen zeigen eine deutliche, im Dunkeln gut wahrnehmbare Biolumineszenz … Sie ist so deutlich ausgeprägt, dass man sie auch nachts direkt im Gelände beobachten kann.« Vgl. jetzt den Artikel von D. Klärner, »Das Geheimnis der Leuchtpilze. Die Fähigkeit zur Biolumineszenz kommt bei Pilzen vor, ihr Zweck ist oft ein Rätsel«, in: *Frankfurter Allgemeine Zeitung* 40 (17.2.2021), S. N2.

165 Gemeint sind duftende (auch nicht duftende) Bartflechten wie Evernia und Usnea, die bis 70 cm lang herabhängen; Theophrast erwähnt sie in *Historia plantarum* 3,8,6 für die Georgische Traubeneiche auf dem Trojanischen Idagebirge, wo sie noch heute in Höhenlagen von über 1300 m reichlich zu bewundern sind.

166 Vgl. das Kapitel »Der immergrüne Eichenwald« bei Eberle [2]1975, S. 41–44, dessen Darstellungen auf reicher Autopsie beruhen. Die dicke Korkrinde dient als Schutz vor Waldbränden.

167 Mit *ilex* meint Plinius hier eindeutig die im hohen Bergland nicht vorkommende mediterrane Kermeseiche (Quercus coccifera) – nach seiner Vorlage Theophrast, *Historia plantarum* 3,16,3 (mustergültig erläutert von Amigues im Kommentar zur Stelle).

168 Die Korkeiche kommt dort und überhaupt in Griechenland heute nicht mehr vor.

169 Siehe Demandt 2005, S. 112; 119.

170 Siehe (auch zum Schwelen des Pechs bei Plinius) Blümner 1879, S. 351–354; zur universellen Verwendung von Pech als in der Antike überall verfügbarem Werkstoff siehe auch Meiggs 1982, S. 467–471.

171 Die Harzung des Weins ist ja in Griechenland bis heute üblich: »Retsina« bedeutet »Harz«.

172 *Tibulus* ist sonst nicht belegt, dürfte aber nach dem Kontext die sehr ähnliche uns vertraute Waldkiefer Pinus sylvestris bezeichnen, deren Holz aus den Gebirgen Norditaliens für den Schiffbau an die Küsten geschafft wurde.

173 Das Holz der Lärche wird hier korrekt beschrieben; vgl. Meiggs 1982, S. 248–250.

174 Plinius spielt auf Theophrast, *Historia plantarum* 3,9,3 an, der

aber die Zirbelkiefer nicht kennt, sondern von der Bruttischen Kiefer (Pinus brutia) am Idagebirge spricht.

175 Die Lärche ist der einzige Nadelbaum der Hochalpen, der im Winter seine Blätter verliert. Das sah Plinius wohl nie, weil seine häufigen Alpenüberquerungen naturgemäß ausschließlich in die Vegetationsperioden fielen. Den Griechen war die nur alpin verbreitete Lärche (wie auch die Zirbelkiefer) unbekannt.

176 Hier liegt wieder ein Missverständnis des Plinius vor: Fichten (Picea abies) gibt es zwar in Italien, nicht aber in Griechenland. Bei dem Waldbrand in Pyrrha auf Lesbos handelte es sich nach Theophrast (*Historia plantarum* 3,9,5) um Bruttische Kiefern (Pinus brutia). Er muss sich einige Zeit vor Abfassung der *Pflanzenkunde* durch Theophrast ereignet haben, die Plinius auf das Jahr 314 v. Chr. datiert (13,101*; 15,1*; für die Daten und zu Überarbeitungen bis 294 v. Chr. siehe Amigues im ersten Band ihrer Ausgabe, S. XVIII–XX).

177 Siehe Anm. 122. Zum Raub der Sabinerinnen, einer Episode aus der legendären Frühzeit Roms, siehe z. B. Livius 1,9–13.

178 Vgl. André 1985, S. 239 unter »siler«.

179 Es folgen listenartige Besprechungen von Bäumen nach verschiedenen Kategorien wie Beständigkeit im Tragen der Blätter (79–84), Formen der Blätter, ihr Verhalten und ihr Nutzen (85–92), ehe Plinius zu Blüte und Befruchtung kommt. Auch wenn man in der Antike von der Funktion der Blätter bei der Photosynthese noch nichts wissen konnte, hat Plinius doch auch in diesem Bereich ausgezeichnete Detailbeobachtungen festgehalten, deren Qualität die Philologen bis heute nicht verstanden haben, etwa in 16,87 den Phototropismus, also die Schrägstellung der Blätter bestimmter Baumarten zur Zeit der Sommersonnenwende, um Transpiration und Lichteinfall zu beschränken, und die damit verbundene Habitusänderung (vgl. dazu im Nachwort, S. 203).

180 Seit Urzeiten glaubte man an die Befruchtung der Stuten durch den Westwind (vgl. etwa Homer, *Ilias* 16,150 f.).

181 Mit den Handschriften lese ich *hoc* auf *pomum* bezogen.

182 Vgl. Düll 2007, S. 154 f.

183 Alle Wacholderarten sind zweihäusig, die Blüten unauffällig. Die im Mittelmeergebiet verbreitetsten Arten sind Juniperus oxycedrus und J. phoenicea; siehe Düll 2007, S. 180 f.

184 Man beherzige, dass Bäume im Lateinischen weiblich sind und ursprünglich als von Nymphen (»Dryaden«) bewohnt gedacht wurden. Wer Agrippina kennt, versteht das dendrophile Verlangen ihres Ehemanns, den sie 48 n. Chr. ermorden ließ (vgl. Demandt 2005, S. 127)! Das nachahmenswerte Vorbild für ihn war wohl der Perserkönig Xerxes, der sich nach Herodot 7,31 im Jahr 480 v. Chr. in Kleinasien in eine schöne Platane verliebte, sie mit kostbarem Schmuck behängte und ihr dauerhaft einen Elitesoldaten beigesellte, »als ob er eine Geliebte zu behüten und zu bewachen habe«, fügt Älian (*Variae historiae* 2,14) noch an (schön dazu Hehn [8]1963, S. 296 f.; eine ähnliche sinnliche Liebe zu einer alten Eiche ist das Thema in dem Roman von J. Canton, *Biografie einer Eiche. Was alte Bäume uns lehren*, Köln 2021).

185 Plinius beschließt das 16. Buch über die wildwachsenden Gehölze mit Arten, die die erstaunliche Eigenart besitzen, nicht in der Erde wachsen zu können, sondern nur auf anderen Gehölzen. Unter anderen erwähnt er in 16,245–251 zwei Misteln (dass tatsächlich nur zwei Arten gemeint sind und nicht drei, wie Plinius glaubt, erklärt Steier 1931, Sp. 2068 f.), nämlich die laubwerfende Eichenmistel Loranthus europaeus mit ostmediterranem Verbreitungsschwerpunkt sowie die auch aus Mitteleuropa vertraute immergrüne Mistel Viscum album mit ihrem reichen Nutzen, auch als Arzneimittel (vgl. 24,12 und Steier 1931, Sp. 2071 f.). Die größte Berühmtheit bis heute hat aber diese Mistelart durch ihre religiöse Verehrung bei den Kelten.

186 Es ist richtig, dass Viscum album speziell auf Eichen (Quercus robur, Q. petraea) nur selten zu finden ist; vgl. Steier 1931, Sp. 2065; 2073.

187 Zu diesem »aus guter keltischer Quelle stammenden Bericht« des Plinius vgl. W. Meid, *Die Kelten*, Stuttgart 2007, S. 153–155; er verweist hier auch auf die Sitte der Druiden, Eicheln zu verzehren. Siehe zu diesem Bericht auch Steier 1931, Sp. 2073 und Costantin/Faideau [2]1922, S. 310 f. (siehe Abbildung hier auf S. 2).

Literaturhinweise

Textausgaben und Übersetzungen

Gaius Plinius Secundus (23/24–79 n. Chr.)

C. Plini Secundi Naturalis historiae libri XXXVII. Post L. Iani obitum recognovit et scripturae discrepantia adiecta edidit C. Mayhoff:

- Vol. II (libri VII–XV): Editio stereotypa editionis prioris (MCMIX). Stuttgart 1986.
- Vol. III (libri XVI–XXII): Editio stereotypa editionis prioris (MDCCCXCII). Stuttgart 1967.

Pliny: Natural History. With an English translation by H. Rackham, W. H. S. Jones, D. E. Eichholz. 10 Bde. Cambridge (Mass.) 1938 ff. (Mit Pflanzenindex von W. H. S. Jones in Bd. 7, 1966, S. 485–546.)

Pline l'Ancien: Histoire Naturelle. Texte établi, traduit et commenté

- livre XII par A. Ernout. Paris 1949.
- livre XIII par A. Ernout. Paris 1956.
- livre XIV par J. André. Paris 1958.
- livre XV par J. André. Paris 1960.
- livre XVI par J. André. Paris 1962.

C. Plinius Secundus d. Ä.: Naturkunde, Lateinisch-Deutsch, in 37 Büchern. Hrsg. und übers. von R. König in Zusammenarbeit mit G. Winkler [u. a.]. 31 Bde. Tübingen 1973–2007.

Cajus Plinius Secundus: Naturgeschichte. Übers. von C. F. L. Strack, überarb. und hrsg. von M. E. D. L. Strack. 3 Teile. Bremen 1853–55. (Neudr. Darmstadt 1968.)

Aristoteles aus Stagiros (384–322 v. Chr.)

Aristoteles' De plantis *in der spätantiken Paraphrase des Nikolaos von Laodikeia: Der arabisch erhaltene Text mit älteren syrischen Fragmenten ist ediert und ins Englische übersetzt in:*

Drossaart Lulofs, H. J. / Poortman, E. L. J.: Nicolaus Damascenus,

De plantis. Five Translations. Amsterdam 1989. (Verhandelingen der Koninklijke Nederlandse Akademie van Wetenschappen, Afd. Letterkunde, Nieuwe Reeks, Deel 139.)

Theophrast aus Eresos auf Lesbos (370/371–287/286 v. Chr.)

Théophraste: Recherches sur les plantes (Historia plantarum). Texte établi et traduit par S. Amigues. Tome I–V. Paris 1988–2006.
Théophraste: Les causes des phénomènes végétaux (De causis plantarum). Texte établi et traduit par S. Amigues. Tome I–III. Paris 2012–17.

Sekundärliteratur

Alföldi, A.: Die zwei Lorbeerbäume des Augustus. Bonn 1973. (Antiquitas. Reihe 3. Bd. 14.)
Amigues, S.: Études de botanique antique. Paris 2002. (Mémoires de l'Académie des Inscriptions et Belles Lettres. Bd. 25.)
– Théophraste. Recherches sur les plantes. À l'origine de la botanique. Paris 2010. (Wegen der hervorragenden Farbfotos zum Text von Theophrasts »Pflanzenkunde«, der wichtigsten botanischen Quelle des Plinius, auch für dessen Verständnis grundlegend, vor allem was die Identifikation antiker Pflanzennamen angeht.)
André, J.: Les noms de plantes dans la Rome antique. Paris 1985.
Andreae, B.: »Am Birnbaum«. Gärten und Parks im antiken Rom, in den Vesuvstädten und in Ostia. Mainz 1996. (Kulturgeschichte der antiken Welt. Bd. 66.)
Bärtels, A.: Farbatlas mediterraner Pflanzen. Stuttgart 1997.
Baumann, H.: Pflanzenbilder auf griechischen Münzen. München 2000.
– Flora mythologica. Griechische Pflanzenwelt in der Antike. Kilchberg/Zürich 2007. (Mit ausgezeichneten Farbfotos!)

Bellmann H. / Spohn, M. / Spohn, R.: Faszinierende Pflanzengallen. Wiebelsheim 2018.

Blümner, H.: Technologie und Terminologie der Gewerbe und Künste bei Griechen und Römern. Bd. 1. Leipzig [2]1912. – Bd. 2. Leipzig 1879. (Neudr. Hildesheim 1969.)

Boudy, P.: Économie Forestière Nord-Africaine. 4 Bde. Paris 1948–58.

Bretzl, H.: Botanische Forschungen des Alexanderzuges. Leipzig 1903.

Cafferty, S.: Kosmos-Atlas Bäume der Welt. Stuttgart 2008.

Collenette, S.: An Illustrated Guide to the Flowers of Saudi Arabia. London 1985.

Costantin, J. / Faideau, F.: Histoire naturelle illustré – Les plantes. Paris [2]1922.

Davis, P. H.: Flora of Turkey and the East Aegean Islands. 10 Bde. Edinburgh 1965–88.

Demandt, A.: Über allen Wipfeln. Der Baum in der Kulturgeschichte. Düsseldorf 2005.

Dihle, A.: Die entdeckungsgeschichtlichen Voraussetzungen des Indienhandels der römischen Kaiserzeit. In: H. Temporini (Hrsg.): Aufstieg und Niedergang der römischen Welt. Bd. II 9,2: Principat. Berlin 1978. S. 546–580.

Düll, R. / Düll, I.: Taschenlexikon der Mittelmeerflora. Ein botanisch-ökologischer Exkursionsbegleiter zu den wichtigsten Arten. Wiebelsheim 2007.

Eberle, G.: Pflanzen am Mittelmeer. Frankfurt a. M. [2]1975.

Fenaroli, L.: Guida agli Alberi d'Italia. Florenz 1984. (Mit guten farbigen Abbildungen und Verbreitungskarten.)

Fögen, T.: Scholarship and Competitiveness. Pliny the Elder's Attitude towards His Predecessors in the *Naturalis historia*. In: M. Asper: Writing Science. Medical and Mathematical Authorship in Ancient Greece. Berlin 2013. S. 83–107. (Science, Technology, and Medicine in Ancient Cultures. Bd. 1.)

Föllinger, S.: Artikel »Biologie«. In: DNP 12/2 (2003) Sp. 917–921.

Gigon, O.: Plinius und der Zerfall der antiken Naturwissenschaft. In: Arctos 4 (1966) S. 23–45.

Grandjot, W.: Reiseführer durch das Pflanzenreich der Mittelmeerländer. Leichlingen [5]1981. (Schroeder Reiseführer.)

Haars, M.: Die allgemeinen Wirkungspotenziale der einfachen Arzneimittel bei Galen: Oreibasios, *Collectiones medicae* XV. Einleitung, Übersetzung und pharmazeutischer Kommentar. Stuttgart 2018. (Quellen und Studien zur Geschichte der Pharmazie. Bd. 116.)

Hardy, G. / Totelin, L.: Ancient Botany. London 2016. (Sciences of Antiquity.)

Hehn, V.: Kulturpflanzen und Haustiere in ihrem Übergang aus Asien nach Griechenland und Italien sowie das übrige Europa. Historisch-Linguistische Studien hrsg. von O. Schrader mit botanischen Beiträgen von A. Engler und F. Pax. Berlin 1911. (Neudr. Darmstadt ^{8}1963.)

Hepper, F. N.: Pflanzenwelt der Bibel. Eine illustrierte Enzyklopädie. Stuttgart ^{2}1995.

Herzhoff, B.: ΦΗΓΟΣ – Zur Identifikation eines umstrittenen Baumnamens. In: Hermes 118 (1990) S. 257–272 und 385–404.

– Artikel »Eiche«. In: DNP 3 (1997) Sp. 904 f.

– Orient im Okzident: Zitrusfrüchte in Vergils *Georgica* (2,126–135). In: S. Harwardt / J. Schwind (Hrsg.): Corona Coronaria. Festschrift für H.-O. Kröner zum 75. Geburtstag. Hildesheim 2005. (Spudasmata 102.)

Johne, K.-P.: Die Römer an der Elbe. Das Stromgebiet der Elbe im geographischen Weltbild und im politischen Bewusstsein der griechisch-römischen Antike. Berlin 2006.

Kappel, S. / Loeben, C. E.: Gärten im alten Ägypten und in Nubien 2000 v. Chr. – 250 n. Chr. Rahden (Westf.) 2011. (Archäologie, Inschriften und Denkmäler Altägyptens. Bd. 1.)

König, R. / Winkler, G.: Plinius der Ältere. Leben und Werk eines antiken Naturforschers. München 1979.

Krüssmann, G.: Handbuch der Nadelgehölze. Berlin 1972.

Kullmann, W.: Aristoteles als Naturwissenschaftler. Boston 2014. (Philosophie der Antike. Bd. 38.)

Le Floc'h, É. / Aronson, J.: Les arbres des déserts. Enjeux et promesses. Arles 2013.

Lipster, H.: Bäume in Wald und Garten. Stuttgart 1961.

Löw, I.: Die Flora der Juden. Bd. 1. Wien 1928.

Lohmeyer, W.: Über schutzwürdige Schlehen-Ligusterbüsche mit

Lorbeerseidelbast und einige ihrer Kontaktgesellschaften im Mittelrheingebiet. In: Natur und Landschaft 53,9 (1978) S. 271–277.
Mayer, H. / Aksoy, H.: Wälder der Türkei. Stuttgart 1986.
Meiggs, R.: Trees and Timber in the Ancient Mediterranean World. Oxford 1982.
Meyer, E. H. F.: Geschichte der Botanik. Bd. 2. Königsberg 1854. (S. 118–134 zu Plinius.)
Meyer, M. F.: Aristoteles und die Geburt der biologischen Wissenschaft. Wiesbaden 2015.
Morton, F. von: Der Sandarakbaum (Callitris quadrivalvis *Vent.*). In: Mitteilungen der Deutschen Dendrologischen Gesellschaft 45 (1933) S. 369 f.
Müller, W. W.: Artikel »Weihrauch«. In: RE Suppl. XV (1978) Sp. 700–777.
Olck, F.: Artikel »Casia«. In: RE III (1899) Sp. 1637–50.
– Artikel »Eiche«. In: RE V (1905) Sp. 2013–76.
– Artikel »Gartenbau«. In: RE VII (1910) Sp. 768–841.
Pabst, G. (Hrsg.): Köhler's Medizinal-Pflanzen in naturgetreuen Abbildungen mit kurz erläuterndem Text. Atlas. Hannover 1997. (Reprint von Auszügen aus den 3 Bänden von 1887, 1889 und 1889.).
Pignatti, S.: Flora d'Italia. 3 Bde. Bologna 1982.
Sallmann, K.: Artikel »P. Secundus, C. (der Ältere)«. In: DNP 9 (2000) Sp. 1135–41.
Schmitt, P. A. / Hecker, U.: Die wildwachsenden und kultivierten Laub- und Nadelgehölze Mitteleuropas. Beschreibung, Herkunft, Verwendung. Wiebelsheim 2020.
Schütt, P. [u. a.]: Enzyklopädie der Laubbäume. Hamburg 2006. (Zit. als Schütt 2006a.)
– Bäume der Tropen. Verbreitung – Beschreibung – Ökologie – Nutzung. Hamburg 2006. (Zit. als Schütt 2006b.)
– Lexikon der Baum- und Straucharten. Das Standardwerk der Forstbotanik. Morphologie, Pathologie, Ökologie und Systematik wichtiger Baum- und Straucharten. Hamburg [3]2014.
Schütt, P. / Roloff, A. / Weisgerber, H. [u. a.]: Enzyklopädie der Holzgewächse. Handbuch und Atlas der Dendrologie. Loseblatt-Aus-

gabe. Landsberg am Lech 1994 ff. (Das weltweit umfassendste dendrologische Standardwerk, bisher 7 Bde.)

Singh, D. / Fernandes, G. [u. a.]: Bäume der Welt – Entdecken, verstehen und schützen. München ²2017.

Steier, A.: Artikel »Mistel«. In: RE XV (1931) Sp. 2063–74.

– Artikel »Myrrha«. In: RE XVI (1933) Sp. 1134–46.

– Artikel »Phoinix«. In: RE XX (1941) Sp. 386–404.

Tabak, A.: Crossbill Guides. Lesbos. Arnheim 2016.

Thüry, G. E.: Die Wurzeln unserer Umweltkrise und die griechisch-römische Antike. Salzburg 1995.

Tutin, T. G. [u. a.] (Hrsg.): Flora Europaea. 5 Bde. Cambridge 1964–80.

Wagler, P.: Artikel »Balsambaum«. In: RE II (1895) Sp. 2836–39.

Weeber, K.-W.: Smog über Attika. Umweltverhalten im Altertum. Zürich 1990.

Wehr, H.: Arabisches Wörterbuch für die Schriftsprache der Gegenwart. Arabisch-Deutsch. Wiesbaden ⁵1985.

Willeitner, J.: Die Weihrauchstraße. Darmstadt 2013.

Wöhrle, G.: Aristoteles als Botaniker. In: W. Kullmann / S. Föllinger (Hrsg.): Aristotelische Biologie – Intentionen, Methoden, Ergebnisse. Stuttgart 1997. S. 387–396. (Philosophie der Antike. Bd. 6.)

– Theophrast von Eresos. Universalwissenschaftler im Kreis des Aristoteles und Begründer der wissenschaftlichen Botanik. Eine Einführung. Trier 2019. (AKAN-Einzelschriften. Bd. 13.)

Wöhrle, G. (Hrsg.): Biologie. Stuttgart 1999. (Geschichte der Mathematik und der Naturwissenschaften in der Antike. Bd. 1. Darin: Althoff, J.: Biologie im Zeitalter des Hellenismus [ca. 322–31 v. Chr.]. S. 155–180. Amigues, S.: Les traités botaniques de Théophraste. S. 124–154. Föllinger, S.: Biologie in der Spätantike. S. 253–281. Kullmann, W.: Zoologische Sammelwerke in der Antike. S. 181–198. Önnerfors, A.: Biologie in Rom (insbesondere Plinius). S. 199–218.)

Zohary, M.: Geobotanical Foundations of the Middle East. Stuttgart 1973.

Nachwort

Gerade heute hat die Beschäftigung mit Bäumen angesichts weltweit sterbender Wälder eine besondere Dringlichkeit bekommen – Wälder, wie auch ich sie gerade, während ich diese Zeilen schreibe, vor mir sehe, wenn ich durch das Fenster auf die früher im Sommer frischgrünen Waldhänge des Mosellandes blicke, die jetzt nach etlichen Dürrejahren parzellenweise abgestorben oder schon abgeholzt sind. Wenn Plinius der Ältere (23/24–79 n. Chr.) in den Büchern 12–16 seiner naturkundlichen Enzyklopädie, der *Naturalis historia*, über sterbende Wälder Ähnliches berichtet, so war ihm bewusst, dass es auch damals der Mensch war, der durch sein Fehlverhalten das Gleichgewicht der Natur zerstörte: Einige Textstellen, an denen er immer wieder wie ein Leitmotiv seine modern klingenden Aufrufe zum Schutz der Natur und zur Ehrfurcht vor der fürsorglichen »Mutter Erde« ausdrückt, sind in der hier vorgelegten Auswahl erfasst.

Die Bücher 12 und 13 der *Naturalis historia* handeln von ausländischen Bäumen und ihren Produkten, die vielfach auf römischen Märkten angeboten wurden, Buch 14 vom Weinbau im gesamten Römischen Reich mit 91 Rebsorten, Buch 15 von Oliven, Lorbeer und anderen Fruchtgehölzen, und das umfangreichste Buch 16 von heimischen wildwachsenden Bäumen, ihren Organen, ihrem Nährwert und sonstigem Nutzen – den größten haben die Eichen, die Plinius genau zu unterscheiden weiß. In diesen Büchern beschränkt sich Plinius bisweilen nicht auf Gehölze (*arbores, arbuscula, frutices*; vgl. die Definition in 16,121 f.), sondern streut assoziativ auch Kräuter ein, die aber in unserer Textauswahl unberücksichtigt bleiben, wie etwa in dem Exkurs über die ägyptische Papyruspflanze (13,68–89).

Holz war der wichtigste Werkstoff der Antike,[1] und so preist Plinius dessen Wertschätzung durch die Vorfahren vor Entdeckung der Bodenschätze und des Bergbaus (12,1*): »Lange blieben die Gaben im Inneren der Erde unbeachtet, und als das höchste dem Menschen gegebene Geschenk galten Bäume und Wälder.« Bäume genossen im Volk sogar religiöse Verehrung (12,3 f.*), und schon bei den ältesten griechischen Biologen wurden sie als vollkommene Modelle für die Ableitung aller Eigenschaften auch der übrigen Pflanzen angesehen wie der Mensch für die Tiere, so dass sie wie hier bei Plinius den anderen Pflanzengruppen vorangestellt wurden. Überhaupt zeigt Plinius immer wieder eine ausgeprägte persönliche Liebe zu Bäumen, wie man auch schön bei der ausführlichen Beschreibung der geselligen Lustbarkeiten unter und im Geäst gewaltiger schattenspendender Platanen erfährt, die er auch selbst als römischer Verwaltungsbeamter auf seinen Reisen in Kleinasien, der Heimat dieses Baumes, erlebt hat (12,9*). Seine Verachtung für Leute, die ohne Bäume leben müssen, wie die primitiven Bewohner der Halligen in der Nordsee, die dann sogar noch gegen die einfachen Segnungen der römischen Zivilisation aufbegehren, schildert er drastisch aus eigener Anschauung aus der Zeit seiner Stationierung als Kavallerieoffizier 47–52 n. Chr. in Germanien (16,2–4*). Andererseits übt er als »patriotischer Moralist«[2] Zivilisationskritik an seinen hauptstädtischen Zeitgenossen, indem er seinen

1 Einen guten Eindruck davon gibt das Kapitel »Die Verarbeitung des Holzes« bei Blümner 1879, S. 238–356. Plinius behandelt dies ausführlich in 16,193–233; siehe die Zusammenfassung bei Demandt 2005, S. 3 f.

2 Sallmann 2000, Sp. 1135.

Abscheu über deren Gier nach mehr Komfort, mehr Konsum, immer mehr Wohlstand ausdrückt, die sie die altrömischen Tugenden der Vorfahren wie Naturverbundenheit und Einfachheit hat vergessen lassen (18,1–5). So beklagt er, dass durch Habsucht und Besitzgier ganze Gebirge in Nordafrika für Luxusmöbel wie Zitrusholztische, das teuerste Statussymbol reicher Römer, abgeholzt wurden (13,95*), aus der Ferne alle möglichen Kostbarkeiten wie Seide aus China oder Perlen und Edelsteine aus Persien und Indien eingeführt wurden und man sich sogar nicht mehr damit begnügte, Ringe oder Kopfschmuck zu tragen, sondern sich Löcher für teuren Schmuck in die Ohren bohrte (12,2*).

»Wie ein Umweltschützer von heute«[3] rügt Plinius, dass durch hemmungslosen Konsum die Umwelt vergiftet werde (18,3): »Wir Menschen vergiften die Flüsse und die Elemente der Natur, ja selbst das, was uns leben lässt (die Luft), verderben wir.« Er betont in der stark rhetorisch gefärbten Vorrede zum 18. Buch, die man auch als Ergänzung zum Proömium des Gesamtwerks bezeichnet hat, also in der Mitte seiner 37 Bücher umfassenden naturkundlichen Enzyklopädie, sein oberstes Ziel sei, die Natur in Schutz zu nehmen und der Mutter aller Dinge beizustehen, deren Fürsorge für den Menschen er überall in seinem weltumspannenden Werk anschaulich machen will (18,2).[4] Das heute so aktuelle Problem der Waldzerstörung, das Plinius etwa in 13,96* für die überaus kostbaren nordafrikanischen Gebirgswälder oder in 16,46* mit den Feuern in den Nadel-

3 Önnerfors bei Wöhrle 1999, S. 217.

4 Vgl. auch die große Apologie der »Mutter Erde« in 2,154–159 und mehr dazu bei König/Winkler 1979, S. 52 f.

wäldern von Lesbos oder in 12,95* mit den Bränden in den Tropenwäldern Indiens anspricht, war ja bereits Intellektuellen der Antike gerade in den heute weitgehend entwaldeten Karstlandschaften der Mittelmeerländer durchaus bewusst, obwohl die schlimmsten Schäden dort nicht in der Antike, sondern erst seit der Industrialisierung im 18. und 19. Jahrhundert angerichtet wurden: Schon Platon beklagt im 4. Jahrhundert v. Chr. in seinem Dialog *Kritias* (111A–D) die Entwaldung Attikas und die damit verbundene dauerhafte Erosion des fruchtbaren Bodens, der dort im tiefen, steil abstürzenden Meeresgrund für immer verschwinde und gleichsam nur das Skelett eines kranken Körpers übrig lasse, das allenfalls noch Bienen Nahrung gebe.[5]

Plinius als Forscher

Plinius wurde leider bis heute als angeblich bloßer Buchgelehrter oft unterschätzt. In Wirklichkeit hat er sich gerade in der Botanik, die mit Gehölzen, Kräutern und Heilpflanzen die Bücher 12–27, also den umfangreichsten Teil seiner »Naturkunde« umfasst, immer wieder um Autopsie bemüht – wenn er etwa bisweilen und an nicht immer leicht erkennbaren Stellen naturkundliche Aussagen anderer überprüft – und um direkten Kontakt mit Fachleuten, wo

5 Zur Platon-Stelle vgl. Meiggs 1982, S. 188–191 und allgemein sein Kapitel »Deforestation« (S. 371–403) sowie Weeber 1990, S. 19–23; Thüry 1995, S. 15–17; Amigues 2002, S. 263–276; Le Floc'h/Aronson 2013, S. 258–278; Hardy/Totelin 2016, S. 27–29 und 175–177. Zum attischen Honig vgl. Plinius in 11,32.

immer es ihm möglich war. So war er manchem heutigen naturfernen Philologen an Einsicht und Verständnis der von ihm beschriebenen Naturphänomene durchaus überlegen, wie Beispiele in den fünf Baum-Büchern zeigen. Bei der Wahl seiner zahlreichen Quellen bemühte er sich gerade in der Botanik um Kriterien für die Zuverlässigkeit seiner Gewährsleute, auf die er, wie er in 3,1 feststellt, angewiesen ist, weil ja ein einzelner Mensch nicht alles wissen könne: So bewertet er sie ausdrücklich nach dem Grad ihrer Autopsie und wählt möglichst jeweils den Zuverlässigsten (*verissimum*) aus;[6] Berichte anderer ergänzt er bisweilen durch selbst Beobachtetes. Von seinen Begegnungen mit dem alten Antonius Castor, dem fachkundigen Besitzer eines Botanischen Gartens in Rom, erzählt er selbst (25,9): »Ich wenigstens hatte die Möglichkeit, die übrigen Pflanzen – ganz wenige ausgenommen – unter der kundigen Anleitung des Antonius Castor zu betrachten, der zu meiner Zeit das größte Ansehen in dieser Wissenschaft hatte, indem ich seinen kleinen Garten besuchte, in dem er die meisten Pflanzen zog.«[7] Diese Worte wie auch andere Beispiele für persönliche Inaugenscheinnahme zeugen von einem echten »botanischen Wissensdrang des Plinius«, wie Önnerfors zu Recht feststellt, und es könne nicht bezweifelt werden, »dass er in den botanischen Büchern und anderweitig überhaupt nicht selten auf eigener Erfahrung und

6 Seine Kriterien nennt Plinius ausdrücklich etwa in 3,1 f.; vgl. dazu Fögen 2013, S. 102 f.

7 Vgl. 20,174: *Castor taliter demonstrabat* … (»So zeigte Castor …«). Zu dieser Begegnung siehe Meyer 1854, S. 131 f.; Fögen 2013, S. 102 f.; Önnerfors bei Wöhrle 1999, S. 215.

jahrzehntelang gesammelten Forschungsergebnissen aufgebaut hat«.[8]

Dadurch mag sich auch die Genauigkeit erklären, mit der er aus eigener Kenntnis über die Bäume Italiens berichtet, etwa über die artenreichste und bis heute schwierigste Gattung mediterraner Gehölze, die Eichen:[9] Genaueste Kenntnis von deren vielfältiger Nutzung bis in den Bereich der menschlichen Ernährung fordert er, da sie in Notzeiten sogar das Überleben sichern kann, wie er mit der Episode des Cornelius Alexander von der Notnahrung der Bewohner der Insel Chios bei einer Belagerung zeigen will (16,16*). Zuvor hatte er notiert (16,15*): »Es ist allgemein bekannt, dass aus Eicheln auch heute noch die Nahrung vieler Völker besteht, sogar wenn sie sich des Friedens erfreuen.« Aus der Vegetation seiner unmittelbaren Heimat am Comer See kannte Plinius sechs Arten von Eicheln mit unterschiedlichem Geschmack, daneben viele sonstige Baumarten und ihre Nutzung – außer den Eichen etwa den bei Blüte und Herbstfärbung besonders auffälligen Schneeballblättrigen Ahorn (Acer opalus, 14,12 u. ö.) –, und von den nahen Alpenhängen kannte er den »nicht allgemein bekannten« prachtvoll gelb blühenden Goldregen (Laburnum alpinum, 16,76*).

An etlichen Stellen der botanischen Partien lassen sich deutlicher als in anderen Teilen des Werkes biographische

8 Önnerfors bei Wöhrle 1999, S. 215. Plinius scheut sich durchaus nicht, Misserfolge bei eigenen botanischen Recherchen einzugestehen, zum Beispiel in 12,32 im Falle des indischen Baumes *macir*. Die Lösung bringt jetzt Haars 2018, S. 295.

9 Vgl. vor allem 16,5–34*. Die Anregungen gab Theophrast, und zwar besonders in *Historia plantarum* 3,7,4–3,8,7.

Spuren erkennen, die von Plinius' weiten Dienstreisen als hoher Verwaltungsbeamter in sämtlichen Teilen des Römischen Reiches und der dortigen eigenen Beobachtung zeugen, etwa 47–52 n. Chr. bei den Bewohnern der Halligen im Wattenmeer der Nordsee, die ohne Bäume leben müssen (16,1–4*), bei den Rieseneichen auf den schwimmenden Inseln in Nordgermanien (16,5*), beim Lorbeerseidelbast in Brohl am Rhein (12,98*), bei den Hochalpen, die er öfter in sommerlicher Jahreszeit[10] überqueren musste – hier kannte er die Zirbelkiefer mit ihren essbaren Piniennüssen (Pinus cembra, 16,44* u. ö.) und die Lärche mit ihrem wertvollen Holz (Larix decidua, 16,43* u. ö.), die beide ausschließlich dort wachsen und den Griechen unbekannt blieben –, oder 68/69 n. Chr. bei den Balsambäumen im Jordantal, die die Römer unter Schutz stellten und vor der Vernichtung bewahrten (12,111*), oder bei den Dattelpalmen am Mittelmeer in Spanien (13,26*) um 70 n. Chr.[11] Voraussetzung für das Aufspüren derartiger biographischer Spuren ist stets die korrekte Identifizierung der Arten und gute Kenntnis ihrer Areale sowie der Reisewege des Plinius.

An die Stelle der Zeder, die für den griechischen Botaniker Theophrast als größter Baum zusammen mit Tanne und Schwarzkiefer das beste Schiffsbauholz lieferte (*Historia plantarum* 5,7,1), setzt Plinius als stattlichsten je gesehenen Baum eine Lärche aus den Alpen als charakteristisches Schiffsbauholz, die wegen ihrer wunderbaren Höhe von

10 Alpenüberquerungen ausschließlich während der Vegetationsperiode erklären die irrtümliche Zurechnung der sommergrünen Lärche zu den immergrünen Nadelbäumen (16,45*; 16,80).

11 Eine (unvollständige) Liste mit Augenzeugenberichten des Plinius findet sich bei König/Winkler 1979, S. 22 f.

etwa 40 Metern Kaiser Tiberius (reg. 14–37) in Rom zur Schau gestellt habe (16,200).[12] Offensichtlich hat Plinius bei seinem Aufenthalt 68/69 n. Chr. als Prokurator Vespasians (reg. 69–79) in Palästina und in den Balsamgärten im Jordantal nie weiter nördlich die Gebirge des Libanon betreten,[13] erst recht nicht den mittleren Taurus oder das Amanus-Gebirge, wo die urgewaltigen türkischen Zedernwälder bis heute jeden durch ihre salomonische Pracht zum Staunen bringen.

Ohne dass Plinius noch irgendein Verständnis für die naturwissenschaftliche Theoriebildung gehabt hätte, wie sie in Athen über 300 Jahre zuvor entwickelt worden war, hat er doch die Werke von deren Pionieren Aristoteles (387–323 v. Chr.) und Theophrast (370/371–287/286, Schüler und auch Lebensgefährte des Aristoteles) zu Hauptvorlagen für die biologischen Partien seiner Enzyklopädie gemacht, indem er sich seiner pragmatischen Zielsetzung entsprechend das Passende heraussuchte, es zusammenraffte[14] sowie es aus weiteren, heute meist verlorenen Quellen ergänzte und bisweilen mit unterhaltsamen Details und Anekdoten ausschmückte. Die biologischen Schriften der beiden hellenischen Pioniere der wissenschaftlichen

12 Ausführlich über die den Griechen unbekannte Lärche in der Kaiserzeit handelt Meiggs 1982, S. 248–250.

13 Die Inschrift aus der phönikischen Stadt Arados wird heute wieder allgemein als echt und damit als weiteres Zeugnis für die Verwaltungstätigkeit des Plinius in Syrien angesehen (König/Winkler im ersten Band ihrer Ausgabe [1973], S. 227 [Zeugnis 5] und dazu S. 323 f.; vgl. König/Winkler 1979, S. 21).

14 So nennt Plinius selbst in 8,44 sein Verfahren des Exzerpierens (*collecta in artum*).

Botanik, die ja auch in der Dendrologie Großartiges und bis heute zeitlos Gültiges entdeckt und erforscht hatten, sind zum größten Teil erhalten,[15] und in ihnen wird allenthalben sichtbar, dass sich beide meist gemeinsam in der Nähe artenreicher Wälder der griechischen Bergwelt aufhielten und von dort ihre meisten zoologischen und botanischen Informationen bezogen, teils durch Autopsie, teils durch Berichte von Freunden, Schülern und Waldarbeitern. Zu diesen Landschaften gehören vor allem die Gebirge Makedoniens mit dem Olymp, an dessen Nordfuß die königlichen Residenzen lagen, in denen Aristoteles den Prinzen Alexander unterrichtete, sowie das aus Homers Epen vertraute trojanische Idagebirge im nordwestlichen Kleinasien (heute Kaz Dağı) mit den Dependancen der platonischen Akademie in Assos und Skepsis, wo sich der aus dem nahen Lesbos stammende Theophrast mit Aristoteles gerne aufhielt.[16] Daher kommt es, dass diese Örtlichkeiten, die Plinius nicht aus eigener Anschauung kannte, bei ihm so oft als Pflanzenstandorte genannt sind.

Konkret sind die Bücher 2–5 von Theophrasts »Pflanzen-

15 Zu Theophrast als »Vater der Botanik« siehe Wöhrle 2019, S. 31–55. Die Pflanzenschrift des Aristoteles (*De plantis*) kennen wir leider nur in einer spätantiken Paraphrase des syrischen Griechen Nikolaos von Laodikeia, deren arabische Fassung aus dem 8. Jh. 1989 von H. J. Drossaart Lulofs und E. L. J. Poortman herausgegeben wurde; siehe dazu Meyer 2015, S. 239 f. Eine arabische Version wurde um 1200 in Toledo ins Lateinische übersetzt; das war dann die Hauptvorlage für die Monographie des Albertus Magnus über die Pflanzen, so dass das lateinisch sprechende Europa neben Plinius auch auf diesem Wege Zugang zur Phytologie des Aristoteles hatte.

16 Siehe Wöhrle 2019, S. 34–39, mit weiteren Details.

kunde« (*Historia plantarum*) wichtigste Grundlage für die fünf Baum-Bücher des Plinius.[17] Während aber der Römer die Bäume und Sträucher nach Herkunft und Nützlichkeit einteilt, liegt bei dem Griechen ein wissenschaftliches Kriterium zugrunde, nämlich die Wuchsform: Bäume als Modelle für die übrigen Pflanzen werden ausführlich in den Büchern 2–5 behandelt, dann geht es in den Büchern 6–8 um Sträucher, Halbsträucher und Kräuter. Für Plinius sind außerdem besonders bedeutsam die Nachrichten über die exotischen Bäume des Alexanderzugs (331–323 v. Chr.) aus Syrien, Ägypten, Arabien und Indien im neunten (dem letzten) Buch, wie Weihrauch, Myrrhe und Zimt. Darin sind immer wieder botanisch erstaunlich genaue, bis heute nachprüfbare und auch bei Plinius (12,51–65*) zu findende Beobachtungen enthalten, die von den Alexanderhistorikern stammen, darunter auch gegen Aristoteles gerichtete

17 Daher ist eine Beschäftigung mit Plinius' botanischen Büchern heute nicht mehr möglich, ohne die neuen Forschungsergebnisse zu Theophrast von Suzanne Amigues zu berücksichtigen, der wir vor allem bahnbrechende Fortschritte bei der Identifikation antiker und mittelalterlicher Pflanzennamen verdanken, die auch Plinius betreffen. Für die Dendrologie äußerst hilfreich ist ihr alphabetischer Pflanzenindex im fünften Band ihrer Ausgabe der *Historia plantarum* (2006) auf den Seiten 263–370 (mit etlichen überzeugenden Neuidentifikationen). Sowohl Theophrast wie auch Plinius beklagen sich immer wieder über die Verwirrungen in den Bedeutungen der Pflanzennamen, die in den weiten geographischen Räumen der griechisch-römischen Welt nicht selten stark variierten – bei der Verwendung von Medizinalpflanzen kann eine Verwechslung bisweilen tödlich enden. Ebenfalls hilfreich ist Amigues' Bildband zu Theophrasts *Historia plantarum* (Amigues 2010) gerade für botanisch Interessierte.

revolutionäre wissenschaftliche Neuerungen.[18] Das gilt auch für die Erforschung der Weihrauchwälder im Südwesten des heutigen Oman durch den Flottenadmiral Anaxikrates, den Alexander im Jahr 324 v. Chr. zur Umseglung der arabischen Halbinsel von Suez aus abgesandt hatte und der im September und Oktober auch das Landesinnere der südlichen arabischen Halbinsel erkundete, bevor er im Spätherbst wegen ungünstiger Winde das Unternehmen abbrechen und auf demselben Weg zurücksegeln musste. Dessen naturwissenschaftliche Berichte über Weihrauch und Myrrhe hat aber nicht nur Theophrast verarbeitet, sondern auch weitere antike Forscher, deren Werke nicht erhalten sind. So beruhen auf den Werken der von Aristoteles geschulten Teilnehmer am Alexanderzug auch die nur fragmentarisch vorliegenden ehemals umfangreichen, ebenfalls griechisch verfassten Werke Jubas II. über Afrika und Arabien (um 50 v. Chr. – 23 n. Chr.). Dieser Augustus gegenüber loyale Vasallenkönig Mauretaniens und Gatte der ägyptischen Prinzessin Kleopatra hatte ein erstaunlich offenes Auge für die exotische außereuropäische Flora und Fauna und zeichnete sich durch äußerste Genauigkeit seiner teilweise auf weiten Reisen gewonnenen zusätzlichen Beobachtungen aus.[19] Daraus schöpft Plinius überaus

18 Siehe S. 185 f., Anm. 41 zu 12,40*.

19 Zu Juba bei Plinius vgl. Önnerfors bei Wöhrle 1999, S. 203 f. Die Namen der Linnéschen Pflanzengattungen »Euphorbia« und »Celthis« gehen zum Beispiel über Plinius auf Juba zurück, also Arten, die dieser aus seiner nordafrikanischen Heimat kannte. Auf ihn bezieht sich auch der ältere botanische Name für die Kanarische Dattelpalme Phoenix jubae (jetzt P. canariensis; siehe Anm. 72).

reichlich – dies bestätigt sein Gespür für Qualität bei der Wahl seiner Gewährsleute (Juba darf nach Theophrast als seine wichtigste Vorlage für die Baum-Bücher gelten). So hat uns Plinius bedeutende, sonst verlorene literarische Schätze der antiken Fachliteratur bewahrt.[20]

Auch einige (heute gleichfalls verlorene) neuere Nebenquellen wie militärische Expeditionsberichte mit botanischen Informationen hat Plinius berücksichtigt, zum Beispiel über den gescheiterten Feldzug des römischen Präfekten von Ägypten Aelius Gallus auf dem Landweg nach Südarabien und in die Weihrauchwälder in den Jahren 25/24 v. Chr., den man als »älteste Forschungsreise« der Römer in Arabien bezeichnet hat.[21] Plinius baut sogar ihm mündlich Berichtetes in den Text des Juba ein, wie etwa die Aussagen des Prätors Gaius Suetonius Paulinus über das kostbare Zitrusholz und das Elfenbein der Berberelefanten während seines kühnen Marsches mit den römischen Truppen durch den Hohen Atlas im heutigen Marokko (41/42 n. Chr.; 5,12–14*).

Plinius hat sich zwar immer wieder auf die Kompetenz und Vortrefflichkeit der naturkundlichen Klassiker berufen

20 Schon Bretzl hatte in seinem Kapitel »Abschließendes Urteil über Plinius« (1903, S. 295–304) betont, dass Plinius »über erweiterte Kenntnisse verfügt, ohne doch Theophrast als Vorlage missen zu können«, oder dass er gar »aus eigener Anschauung unabhängig von Theophrast« beschreibt, seine Darstellung bisweilen »an kleinen Einzelheiten ungleich reicher« ist und sonst Unbekanntes aus der Alexanderliteratur bietet.

21 Darauf spielt Plinius in 12,55* mit seinem Tadel an; vgl. D. H. Müller, Artikel »Arabia«, in: RE II 1 (1895) Sp. 349. Juba widmete dem Aelius Gallus sein Werk über Arabien; vgl. ebd. Sp. 353.

und sogar die Vorbildlichkeit der durch Alexander geförderten Studien des Aristoteles anerkannt und ausdrücklich bemerkt, er habe dessen »nahezu fünfzig hochberühmte Bücher über die Tiere kurz zusammengefasst samt dem, was ihm unbekannt war« (8,44), aber bisweilen hält er dennoch seine Kritik nicht zurück und polemisiert gar offen gegen Aristoteles, wie in 11,273 f. im Falle der Anthropologie. Gegenüber Theophrast, dem er doch in der Botanik das allermeiste verdankt, verhält er sich ähnlich selbstbewusst, ohne dass man allerdings überall, wo er Kritik übt[22] oder bewusst von ihm abweicht[23], Vordenker suchen müsste, wie es die Quellenkritik des 19. Jahrhunderts hartnäckig zu tun pflegte. Varro (116–27 v. Chr.) hatte ja schon früher die Vorbildlichkeit des Theophrast ausdrücklich eingeschränkt, indem er einen Dialogpartner in seinen Gesprächen über die Landwirtschaft bezüglich der beiden Werke Theophrasts über Botanik sagen lässt: »Diese Bände [...] eignen sich nicht so sehr für die, die Land, als vielmehr für die, die Abhandlungen von Philosophen beackern wollen (doch behaupte ich damit nicht, dass sie nicht manches Nützliche und Allgemeine enthielten).«[24] Da wird überhaupt bei dem Römer der andersartige, auf das Pragmatische gerichtete Sinn ohne jede theoretische Zielsetzung sichtbar. Andreae hat diese Haltung positiv zu formulieren versucht: »Den Römern war ein besonderes Gefühl für Natur und Land-

22 Wie zum Beispiel in 15,138* im Falle der Stecklingsvermehrung des Lorbeers.
23 Wie zum Beispiel in 16,30* mit Lärche und Platane als Exempla.
24 *Res rusticae* 1,5,2. Die Übersetzung folgt der Ausgabe *Marcus Terentius Varro, Gespräche über die Landwirtschaft*, Buch 1, hrsg., übers. und erl. von D. Flach, Darmstadt 1996.

schaft eigen, das über das naturwissenschaftliche Interesse der Griechen hinausging und sich auch in eine neue Richtung entwickelte.«[25] Dieses weiterreichende Empfinden hat auch Plinius, und er stützt sich nur mehr vordergründig auf die Schule des Aristoteles mit ihrem streng sachbezogenen, impersonalen Stil, ohne noch die Prinzipien ihres auf Ursachenforschung gerichteten Wissenschaftsprogramms zu verstehen – aber dieses Verständnis war in seiner Zeit ohnehin längst erloschen, auch wenn man die Peripatetiker noch zitierte.[26] Immerhin hat er zu einer – wenn auch eingeschränkten – Weitergabe der griechischen biologischen Entdeckungen an das lateinischsprachige mittelalterliche Europa beigetragen, dem Möglichkeit und Bildung fehlten, griechische Originale heranzuziehen.[27]

Darüber hinaus bleibt Plinius' unglaubliche Belesenheit erstaunlich, die eine unübersehbare Fülle von sachlichen Informationen sogar aus Dichtern seit Homer und Hesiod in die Aussagen der Philosophen einstreut – er nennt namentlich 146 römische und 327 griechische Autoren aus acht Jahrhunderten, deren Werke zum großen Teil verloren sind.

Angesichts des ungeheuren Fleißes des Plinius neben allem politisch-militärischen Engagement in Rom und im

25 Siehe Andreae 1996, S. 66.

26 Zum Verfall des eigentlich wissenschaftlichen Interesses an der Biologie in der späteren Antike und auch bei Plinius vgl. Gigon 1966; Kullmann zeigt dies an dessen Zoologie (bei Wöhrle 1999, S. 189–195); vgl. Althoff ebd. S. 155; Föllinger ebd. S. 253 f.; Föllinger 2003, S. 919 f.

27 Zu Plinius als Übermittler der Botanik des Theophrast siehe Wöhrle 2019, S. 101.

gesamten Imperium sowie seinem sonstigen reichen literarischen Schaffen ist es nicht verwunderlich, dass ihm bei seinen Forschungen im Detail auch manche Fehler unterlaufen sind, und so finden sich bei den modernen Kritikern ganze Listen von Vorwürfen, er habe Theophrast missverstanden, zahllose Flüchtigkeiten und Irrtümer begangen – und das selbst bei Meiggs,[28] der doch Plinius mit nahezu eintausend erwähnten Pflanzenarten nach Theophrast als unsere zweitwichtigste Quelle für die antike Botanik überhaupt betrachtet und ihm zu Recht prägenden Einfluss auf die lateinische binäre Nomenklatur Linnés im 18. Jahrhundert zuschreibt. Nicht selten wurde Plinius aber zu Unrecht ein Fehler unterstellt, wo er etwa ausgezeichnete Entdeckungen seiner Vorgänger verifiziert und in sein Werk aufgenommen hat – die botanisch unbedarfte Philologen bis heute nur nicht verstanden haben, wenn sie nicht sogar meinen, sich in ihrem negativen Urteil über ihn bestätigt sehen zu können. Eines von etlichen Beispielen ist der Phototropismus (16,87).[29] Doch jeder aufmerksame Naturbeobachter kann dieses Phänomen auch in unseren Breiten im Hochsommer leicht beobachten, besonders bei Silberlinde und Weißpappel, die dann durch ihre nach außen gekehrten weißfilzigen Blattunterseiten sich vor intensiver Sonneneinstrahlung schützen. Jede Botanikerin, jeder Botaniker kennt das, aber andererseits weiß niemand von

28 Vgl. Meiggs 1982, S. 24 f. Nachsichtig urteilen König/Winkler 1979, S. 53; vgl. auch die Übersicht bei Fögen 2013, S. 83 f.

29 Siehe zur Stelle König/Hopp in der von König und Winkler herausgegebenen Ausgabe: »eine unrichtige Behauptung, von Plinius, nat. hist. 18,265, nochmals wiederholt«. Ähnlich urteilt sogar der sonst botanisch verständigere André (zur Stelle).

ihnen, dass Plinius am Mittelrhein, wohl bei seinem Aufenthalt an den Thermalquellen von Wiesbaden 50/51 n. Chr. (31,20), in der Nähe den berühmten Standort des Lorbeerseidelbasts (Daphne laureola) bei Brohl besichtigt hat (12,98*), der heute als große submediterrane Seltenheit Ziel botanisch interessierter ›Pilger‹ ist, die Plinius nicht einmal kennen: Wegen seiner winterlichen Blütezeit schon ab Februar pflegten die römischen Imker ihn neben Bienenstöcke zu pflanzen, wie ja auch Vergil in seinen *Georgica* (4,30) ausdrücklich empfiehlt.[30]

Warum lohnt sich gerade heute eine Beschäftigung mit Plinius' Baum-Büchern?

Mehr als durch andere Naturerzeugnisse, denen Plinius die 37 Bände seiner Enzyklopädie gewidmet hat, wurde Plinius auf seinen weiten Reisen als Offizier und später als hoher Verwaltungsbeamter durch das Römische Reich in drei Erdteilen durch Bäume zu tiefer, geradezu religiöser Bewunderung angeregt. Bäume sah er als die gewaltigsten und nützlichsten Geschenke der »Mutter Erde«, da sie nach seiner Überzeugung die Lebensgrundlagen der Menschheit sichern. Nicht etwa naturwissenschaftlicher Forschertrieb wie bei den Griechen, sondern ein pragmatischer morali-

30 Siehe zu *casia* 21,70 (in der Liste der italischen Bienenpflanzen); ihr Vorkommen im Norden wird in 16,136 ausdrücklich hervorgehoben – damit wird auf die Erwähnung am Rhein in 12,98* angespielt. Weder die hier gemeinte *casia* noch die damit identische *daphnidis* sind bisher, soweit ich sehe, richtig bestimmt worden als Daphne laureola, Lorbeerseidelbast.

scher Impetus, sich für Schutz und Erhalt der Wohltaten der Natur als Hort des menschlichen Lebens einsetzen zu müssen, ist der Antrieb für seine ungeheure Schaffenskraft, und das entspricht dem Anliegen vieler heutiger Menschen. Gewiss waren die meisten Wälder damals noch unberührt, viel artenreicher und weiter verbreitet als heute; vor allem aber waren uralte Baumriesen allenthalben zu bestaunen, und so ihr beeindruckendes Wesen, Lebensziel und Höchstalter leicht zu beobachten. Die angesprochene Zerstörung und Übernutzung von Wäldern, auch verursacht durch die Metallurgie, von der Plinius in 12,5* und 16,23 f.* spricht, blieben zwar lokal begrenzte Erscheinungen, aber sie wurden schon von antiken Intellektuellen durchaus als moralisches Fehlverhalten der Mitmenschen gedeutet.[31]

Neben diesem geradezu modern erscheinenden Leitmotiv des Plinius hat die Rezeption speziell des botanischen Teils der *Naturalis historia* bis in die frühe Neuzeit in Europa eine ungeheure Breitenwirkung entfaltet[32] und in vieler Hinsicht die moderne wissenschaftliche Nomenklatur des Carl von Linné entscheidend geprägt, ohne die eine moderne Biologie undenkbar wäre. Befruchten kann Plinius heute die Dendrologie der wildwachsenden Gehölze vor allem durch zahlreiche Anregungen im Sinne einer literarhistorischen Biogeographie: In historischer Zeit, wo Pollenanalysen unzulänglich sind, können die antiken Informationen

31 Vgl. umfassend Weeber 1990 und Thüry 1995 (mit Sekundärliteratur).

32 Im Gegensatz zur Enzyklopädie des Plinius erreichten »die biologischen Entdeckungen des Peripatos […] seit der Renaissance nur Fachleute« (so Kullmann 2014, S. 231).

beitragen zur Rekonstruktion der Verbreitungsgeschichte und Entwicklung der Vegetation sowie zur Erforschung der potentiellen natürlichen Vegetation, die hilft, intakte Ökosysteme zu bewahren oder wiederherzustellen. Wir finden viele genaue Details etwa zur Arealkunde, wie zum Beispiel die Angaben zur allmählichen Ausbreitung des Ölbaums (15,1*) oder der Orientplatanen über Griechenland, Italien und darüber hinaus (12,6 f.*), zur ursprünglich weiteren Verbreitung der Zwergpalme (13,39*) und der Korkeiche (16,34*) im Osten, zur Arealerweiterung bei Lorbeer (15,132*) und manchen Eichenarten (16,17*) oder zu Rückgang und Verschwinden des Zitrusholzbaums infolge von Übernutzung (13,95*; 13,100 f.*). Andererseits lassen sich – nicht durch Klimaänderungen, die es in historischer Zeit in nennenswerter Form nicht gab, sondern vor allem durch Übernutzung – Rückgang oder gar Verschwinden von Arten bis in die Neuzeit feststellen. Angesichts des heutigen Klimawandels aber könnten künstliche forstliche Arealerweiterungen bis in mitteleuropäische Breiten vorgenommen werden, zum Beispiel mit den Eichenarten des Plinius, von denen die meisten hitze- und trockenheitsresistent sind und durch ihre Schönheit und durch vielfältigen Nutzen eine echte Bereicherung unserer Forstflora darstellen würden, zumal sie teilweise zur heimischen Tertiärflora gehörten. Bei den von Plinius genannten Früchten der Kulturgehölze wie Datteln, Feigen und Wein erhalten wir überdies den Eindruck einer im Vergleich zu heute erstaunlichen Sortenvielfalt – Plinius führt sie in einem geradezu pedantischen Vollständigkeitsstreben für alle Regionen des Reiches ausgiebig vor.

Der Mann aus Como, der auf tragische Weise beim

Vesuvausbruch am 25. Oktober 79 n. Chr.[33] ums Leben kam, hat mit diesem größten erhaltenen Prosawerk der lateinischen Antike »etwas Einmaliges, Neues, Normsetzendes«[34] geschaffen. Was aber die Botanik betrifft, wird die schwierigste Aufgabe für die Nachwelt trotz mancher Fortschritte immer noch die genaue Identifikation der etwa eintausend Pflanzennamen bleiben, die eine fächerübergreifende Kooperation verlangt.[35]

Plinius beschließt seine *Historia naturalis* mit einem Gebet (37,204) – es sei auch ans Ende *dieses* Buches gestellt:

Salve, parens rerum omnium Natura, teque nobis Quiritium solis celebratam esse numeris omnibus tuis fave! – Sei gegrüßt, o Natur, Mutter aller Dinge, und sei mir gewogen, da ich dich allein unter den Römern in allen deinen Teilen verherrlicht habe!

33 Zur Neudatierung des Vesuvausbruchs siehe jetzt M. Osanna, *Pompeji. Das neue Bild der untergegangenen Stadt*, Darmstadt 2021, S. 168–174; 281.

34 Sallmann 2000, Sp. 1139; vgl. insgesamt Sp. 1135–41.

35 Amigues 2002, S. XIII–XV bringt das Forschungsprogramm auf den Punkt, indem sie auch die Beeinträchtigung der historischen phytogeographischen Forschung durch den »beträchtlichen, wenn nicht gar katastrophalen Rückgang mehrerer Baumarten« beklagt und zur Rettung animiert.

Inhalt

Aus den Büchern 12–16 von Plinius' *Naturalis historia*

Anhang